JN028241

電子デバイス工学

【第2版・新装版】

古川静二郎／荻田陽一郎／浅野　種正　共著
Seijiro Furukawa　　*Yoh-Ichiro Ogita*　　*Tanemasa Asano*

森北出版株式会社

●本書のサポート情報を当社Webサイトに掲載する場合があります．
下記のURLにアクセスし，サポートの案内をご覧ください．

https://www.morikita.co.jp/support/

●本書の内容に関するご質問は，森北出版 出版部「（書名を明記）」係宛
に書面にて，もしくは下記のe-mailアドレスまでお願いします．なお，
電話でのご質問には応じかねますので，あらかじめご了承ください．

editor@morikita.co.jp

●本書により得られた情報の使用から生じるいかなる損害についても，
当社および本書の著者は責任を負わないものとします．

■本書に記載している製品名，商標および登録商標は，各権利者に帰属
します．

■本書を無断で複写複製（電子化を含む）することは，著作権法上での
例外を除き，禁じられています．複写される場合は，そのつど事前に
（一社）出版者著作権管理機構（電話03-5244-5088，FAX03-5244-5089，
e-mail：info@jcopy.or.jp）の許諾を得てください．また本書を代行業者
等の第三者に依頼してスキャンやデジタル化することは，たとえ個人や
家庭内での利用であっても一切認められておりません．

第2版まえがき

　本書の初版が出たのは，電子計算機センターがパーソナルコンピュータに変わる，いわば集中型から分散型へ移る時代であった．次いで登場したインターネット通信により，職場や家庭からパーソナルコンピュータを通じて誰もが，世界中の人といつでも情報交換できるようになった．これと同期して増大した多量の情報を，高速に処理や記憶できる情報処理用機器が発達した．最近では，モバイル情報機器でどこからでも情報交換ができるようになった．これらの進歩は，半導体デバイス，とりわけ微細加工を駆使した電界効果トランジスタの高性能化による信号処理の高速，低消費電力化と無線通信の高周波化，低損失化によるところが大きい．これらは，これまでの絶え間ない研究開発により，数々の技術的障壁を打破してきた成果であることを忘れてはならない．今後も，更なる進化を続け，社会の発展を支えていくことだろう．

　本書の初版が出版されてから20年以上たった．本書で扱った半導体の基礎的事項やデバイスの動作原理は，現在の多くの半導体デバイスでも変わっていない．また，本書は多くの大学，高専，専門学校，企業の教科書として採用されてきているので，本改訂では，初版の主旨や展開を大きく変えることはせず，不明瞭な説明や説明不足を加筆修正し，丁寧な説明に努めた．一方，本改訂版では，初版の接合型 FET の章は，それと特性，原理がほぼ同じである MESFET に差し替えた．また，集積回路の章は MOSLSI を主とし，最近のメモリデバイスを加え，拡充した．最近のエネルギーの分散化や省電力化と関連して関心が高まっているパワーデバイスの新たな章を設け拡充した．さらに，章末の演習問題を大幅に追加した．

　改訂して，わかりにくくなったといわれないよう，努めたつもりであるが，心もとない．もとより，著者の浅学非才による回りくどい説明や，説明不足，さらに間違いも少なからんことを恐れている．この点，読者の御叱正と御寛容とを心からお願いする．

　終わりに，教科書として御採用いただいている先生方から貴重なコメントをいただいた．この紙面をかりて，感謝申し上げる．さらに，本改訂版の編集上でいろいろお世話になった森北出版出版部の石田昇司氏ならびに富井晃氏に厚く御礼申し上げる．

2013 年 11 月

著　者

■第2版・新装版の発行にあたって

本書は，初版の発行から30年，第2版の発行から6年が経ったいまも，教科書として多くの大学・高専にご採用いただいております．これからも長くお使いいただけるように，新装版として2色刷りのレイアウトに変更しました．

　2020年4月

出版部

まえがき

　エレクトロニクスが，今日の高度情報化社会を支える基本技術であることを否定する人はいないであろう．情報化が進めば進むほど，新しい情報が増え，それを短時間でしかも高い信頼性で処理していく必要性が益々高まる．広い意味での情報システムが大型化し，かつ広く普及するのも当然である．しかし，その分システムの故障は致命的打撃を与えることになる．この意味で，エレクトロニクスの根幹をなす電子デバイスに対し，今後とも一層より信頼性高く，より電気的特性のよさを期待されることになると思われる．

　電子という質量が小さいものを電気的に制御し信号処理，増幅に使用するという電子デバイスは開発のスタートラインから優位な位置を占めていた．これは，ほかの機械型，油圧型等の増幅デバイスの動作速度を考えてみればよくわかることである．完全にほかの形式に水をあけたといえる．さらに，電子デバイスの中でも真空管式にくらべて半導体デバイス，とくにシリコンを主に用いたデバイスは，信頼性・経済性・低価格性・高速性・大量生産性等々，どの面をとっても優れていることが実証され始めている．したがって，冒頭では高度情報化社会を支えているのはエレクトロニクスといったが，本当は半導体デバイスが支えているといっても過言ではなかろう．

　本書は，将来ソフトウェア関係の仕事に従事する技術者をも対象として，この時代の要請の高い半導体デバイスをわかりやすく記述した教科書である．そのため，本書の構成としては，まず原子物理から始めて，固体物性の簡単な復習を行い，それからデバイス基礎に移るという形をとっている．ついで，トランジスタの物理とその実際に話題を転じ，さらに集積回路の説明および光通信等にとっていまや常識として知っていなければならない光デバイスの記述も含めてある．

　記述する際に想定した読者層は，大学学部・短期大学・工業高専等の学生の皆さんである．しかし，もちろんこの方面の理解を深めようとする社会人にとっても本書は有用であろうと信ずる．

　本書は上記の想定読者層に対し豊富な教育経験をもつ，神奈川工科大学の荻田がまず第1草稿を作り，九州工業大学の浅野が一読者に擬して，記述レベル等を検討し，さらに協力して完成稿とし，全体を東京工業大学の古川が校閲加筆したという手順を踏んで作られている．間違いのないよう，かつ正確さを損なわずにできるだけやさし

い記述となるように努力したつもりである.

　しかし，筆を置くに当たって著者の執筆の意図が実現できたかどうか，はなはだ心許ない．また，著者の浅学菲才による回りくどい点や舌足らずな点，さらには間違いも少なからぬことを恐れている．この点，読者の御叱正と御寛容とを心からお願いする.

　終りに，本書執筆の機会を与えられた，東京工業大学名誉教授西巻正郎，関口利男両先生，校正の段階で有益な意見を寄せられた木原，中村，吉田の大学院生諸君，並びに編集上でいろいろお世話になった森北出版編集部水垣偉三夫氏に厚く御礼申しあげる.

　1989 年 2 月

著　者

目　次

第1章　電子と結晶　　　　　　　　　　1

1.1　価電子と結晶 ・・・　1
1.2　結晶と結合形式 ・・　4
1.3　結晶の単位胞と方位 ・・・・・・・・・・・・・・・・・・・・・・・・・・・・・・・・・・・　5
演習問題 ・・　6

第2章　エネルギー帯と自由電子　　　　　　　7

2.1　エネルギー準位 ・・　7
2.2　エネルギー帯の形成 ・・・・・・・・・・・・・・・・・・・・・・・・・・・・・・・・・・・　9
2.3　半導体・金属・絶縁物のエネルギー帯構造の違い ・・・・・・・・・・　11
演習問題 ・・・　11

第3章　半導体のキャリヤ　　　　　　　　13

3.1　真性半導体のキャリヤ ・・・・・・・・・・・・・・・・・・・・・・・・・・・・・・・・・　13
3.2　外因性半導体のキャリヤ ・・・・・・・・・・・・・・・・・・・・・・・・・・・・・・・　14
3.3　キャリヤ生成機構 ・・・・・・・・・・・・・・・・・・・・・・・・・・・・・・・・・・・・・・　17
演習問題 ・・・　17

第4章　キャリヤ密度とフェルミ準位　　　　18

4.1　キャリヤ密度 ・・・　18
4.2　真性キャリヤ密度 ・・・・・・・・・・・・・・・・・・・・・・・・・・・・・・・・・・・・・・　20
4.3　真性フェルミ準位 ・・・・・・・・・・・・・・・・・・・・・・・・・・・・・・・・・・・・・・　21
4.4　多数キャリヤと少数キャリヤ ・・・・・・・・・・・・・・・・・・・・・・・・・・・・　22
4.5　外因性半導体のキャリヤ密度とフェルミ準位 ・・・・・・・・・・・・・・　22

演習問題　……………………………………………………………………　*24*

第 5 章　**半導体の電気伝導**　*26*

5.1　ドリフト電流　……………………………………………………………　*26*

5.2　半導体におけるオームの法則　…………………………………………　*28*

5.3　拡散電流　…………………………………………………………………　*31*

5.4　キャリヤ連続の式　………………………………………………………　*33*

演習問題　……………………………………………………………………　*35*

第 6 章　**pn 接合とダイオード**　*36*

6.1　pn 接合　…………………………………………………………………　*36*

6.2　pn 接合ダイオード　……………………………………………………　*38*

6.3　pn 接合ダイオードの電流の大きさ　…………………………………　*40*

6.4　ダイオードの実際構造　…………………………………………………　*43*

演習問題　……………………………………………………………………　*44*

第 7 章　**ダイオードの接合容量**　*45*

7.1　空乏層容量　………………………………………………………………　*45*

7.2　拡散容量　…………………………………………………………………　*49*

演習問題　……………………………………………………………………　*50*

第 8 章　**バイポーラトランジスタ**　*51*

8.1　バイポーラトランジスタの動作原理　…………………………………　*51*

8.2　I_B による I_C の制御　………………………………………………　*53*

8.3　電流増幅率　………………………………………………………………　*54*

8.4　電流増幅率の決定因子　…………………………………………………　*55*

8.5　接地形式と増幅利得　……………………………………………………　*57*

8.6　特性と実際動作　…………………………………………………………　*58*

演習問題　……………………………………………………………………　*61*

第 9 章　　金属−半導体接触　　　　　　　　　　　　　　　　　　　*63*

9.1　ショットキー障壁　・・・・・・・・・・・・・・・・・・・・・・・・・・・・・・・・・・　*63*

9.2　ショットキーバリヤダイオード　・・・・・・・・・・・・・・・・・・・・・・　*65*

9.3　オーミック接触　・・・・・・・・・・・・・・・・・・・・・・・・・・・・・・・・・・・・　*67*

演習問題　・・・　*68*

第 10 章　　MESFET　　　　　　　　　　　　　　　　　　　　　　　　　　　*70*

10.1　MESFET の動作原理　・・・・・・・・・・・・・・・・・・・・・・・・・・・・・　*70*

10.2　動作特性と動作モード　・・・・・・・・・・・・・・・・・・・・・・・・・・・・　*72*

10.3　エンハンスメントモード動作　・・・・・・・・・・・・・・・・・・・・・・　*76*

演習問題　・・・　*78*

第 11 章　　MISFET　　　　　　　　　　　　　　　　　　　　　　　　　　　　*79*

11.1　MIS 構造ゲートの動作　・・・・・・・・・・・・・・・・・・・・・・・・・・・　*79*

11.2　反転状態の解析　・・・・・・・・・・・・・・・・・・・・・・・・・・・・・・・・・・　*81*

11.3　MISFET の動作原理と特性　・・・・・・・・・・・・・・・・・・・・・・　*84*

11.4　MOSFET の実際構造と特性　・・・・・・・・・・・・・・・・・・・・・　*86*

11.5　MOS キャパシタンス　・・・・・・・・・・・・・・・・・・・・・・・・・・・・　*91*

11.6　フラットバンド電圧　・・・・・・・・・・・・・・・・・・・・・・・・・・・・・・　*94*

演習問題　・・・　*95*

第 12 章　　集積回路　　　　　　　　　　　　　　　　　　　　　　　　　　　*97*

12.1　IC の回路構成法　・・・・・・・・・・・・・・・・・・・・・・・・・・・・・・・・・　*97*

12.2　IC の内部構造　・・・・・・・・・・・・・・・・・・・・・・・・・・・・・・・・・・・　*98*

12.3　アナログ IC とディジタル IC　・・・・・・・・・・・・・・・・・・・・　*100*

12.4　CMOS ディジタル IC　・・・・・・・・・・・・・・・・・・・・・・・・・・・　*101*

12.5　メモリ IC　・・・・・・・・・・・・・・・・・・・・・・・・・・・・・・・・・・・・・・・　*102*

演習問題　・・　*109*

第13章　光半導体デバイス　　　*110*

13.1　光　子　‥‥‥‥‥‥‥‥‥‥‥‥‥‥‥‥‥‥‥‥‥　*110*
13.2　光導電効果　‥‥‥‥‥‥‥‥‥‥‥‥‥‥‥‥‥‥　*111*
13.3　光起電力効果　‥‥‥‥‥‥‥‥‥‥‥‥‥‥‥‥‥　*113*
13.4　半導体の発光現象　‥‥‥‥‥‥‥‥‥‥‥‥‥‥　*117*
13.5　発光デバイス　‥‥‥‥‥‥‥‥‥‥‥‥‥‥‥‥‥　*117*
演習問題　‥‥‥‥‥‥‥‥‥‥‥‥‥‥‥‥‥‥‥‥‥‥‥　*120*

第14章　パワーデバイス　　　*121*

14.1　サイリスタ　‥‥‥‥‥‥‥‥‥‥‥‥‥‥‥‥‥‥‥　*121*
14.2　トライアック　‥‥‥‥‥‥‥‥‥‥‥‥‥‥‥‥‥　*124*
14.3　パワー MOSFET　‥‥‥‥‥‥‥‥‥‥‥‥‥‥‥‥　*125*
14.4　IGBT　‥‥‥‥‥‥‥‥‥‥‥‥‥‥‥‥‥‥‥‥‥‥　*126*
演習問題　‥‥‥‥‥‥‥‥‥‥‥‥‥‥‥‥‥‥‥‥‥‥‥　*128*

演習問題解答　‥‥‥‥‥‥‥‥‥‥‥‥‥‥‥‥‥‥‥‥‥　*129*
参考文献　‥‥‥‥‥‥‥‥‥‥‥‥‥‥‥‥‥‥‥‥‥‥‥　*141*
付　表　‥‥‥‥‥‥‥‥‥‥‥‥‥‥‥‥‥‥‥‥‥‥‥‥　*142*
索　引　‥‥‥‥‥‥‥‥‥‥‥‥‥‥‥‥‥‥‥‥‥‥‥‥　*146*

第1章 電子と結晶

　半導体デバイスの多くは，電圧，電流，光，熱などで半導体結晶中の電流を制御する機構に基づいているといえる．その電流は，半導体中の自由電子によって電荷が運ばれることにより生じる．本章ではまず，半導体結晶を構成する原子，価電子について学ぼう．

1.1 価電子と結晶

　物質は，原子（atom）から構成されている．ボーアモデルによれば，その原子は図 1.1 に示すように原子核とその周りを回っている**電子**（electron）とからなっている．1 個の電子は，その極性が負で，

$$q = 1.602 \times 10^{-19} \, \text{C} \tag{1.1}$$

の電荷と

$$m_e = 9.109 \times 10^{-31} \, \text{kg} \tag{1.2}$$

の質量をもっている．一方，原子核は，電子の電荷と同じ大きさで，極性が正の**陽子**（proton）と，電荷を帯びていない中性子とから構成されている．陽子の質量は，中性子のそれとほぼ等しく，電子の質量の約 1836 倍である．陽子の正電荷と電子の負電荷が電荷を相殺するので，原子を外からみると電気的に中性である．ここで，電子はクーロン力によって，原子核に引き付けられてしまうのではないかと思われるが，円または楕円軌道をぐるぐる回るときに生じる遠心力と平衡し，そうはならないと説明できる．

　電子は，原子核からどれだけ離れて，どのようなエネルギーをもって回っているの

図 1.1　原子中の電子

であろうか．ボーアとゾンマーフェルトは，図 1.2 に示すように，電子は決められた
軌道上を回っていると考えれば，いろいろな物理現象がよく説明できることを示した．
水素原子では 1 個の電子が回っている．その電子は $-q$ [C] の電荷，m_e [kg] の質量を
もち，原子核から r_n [m] の距離（または軌道半径）の軌道上を回っている．この考え
方によれば，その半径は，

$$r_n = \frac{n^2 \varepsilon h^2}{m_e \pi q^2} = 0.053 n^2 \, [\text{nm}] \qquad (n = 1, 2, 3, \cdots) \tag{1.3}$$

でなくてはならない．ここで，ε は空間の誘電率，h はプランク定数である．n は原子
核から順に，$1, 2, 3, \cdots$ とつけられた軌道の番号であり，主量子数とよばれる．この
軌道のよび方は量子力学的表示であり，分光学的表示では，それに対応して，K，L，
M，$\cdots$ が使われる．$n = 1$ の軌道半径は，式 (1.3) から $r_1 = 0.053 \, \text{nm}$ と求められる．

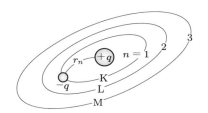

図 1.2　**原子の軌道**

半径 r_n の軌道上を回転している電子の全エネルギー E_n は，

$$E_n = -\frac{m_e q^4}{8 n^2 \varepsilon^2 h^2} = -\frac{13.6}{n^2} \, [\text{eV}] \tag{1.4}$$

と求められる．K 軌道を回転している電子のエネルギーは，式 (1.4) で $n = 1$ とおい
て，$E_1 = -13.6 \, \text{eV}$ と求められる．原子核に近い軌道上を回転している電子ほど，原
子核とのクーロン力が強いので安定であり，そのエネルギーは低い値をとる．逆に，核
から遠い軌道を回る外殻電子とよばれる電子は，原子核との引力が弱いので不安定と
いえる．この電子が化学結合の役目を果たす．電子のエネルギー E_n は，式 (1.4) で n
を大にするとわかるように，負の大きい値から 0 に近づき，高い値をとる．これらの
軌道を細かくみると，さらにわずかに異なった軌道に分かれている．これらの軌道は，
分光学的表示に従って，s，p，d，f，$\cdots$ と名づけられる．それらの軌道に存在できる
電子の最大数は，表 1.1 に示すように**パウリの排他律**（Pauli's exclusion principle）
で決められている．いろいろな原子の電子配置を，巻末の付表 1 に示す．

半導体デバイスの主材料の一つであるケイ素（シリコン，Si）は，原子番号が 14 で
あり，1 個の原子は 14 個の電子をもっている．各軌道の電子配置は次のようになって
いる．

表 1.1　各軌道上に存在できる電子の最大数

軌道	K	L		M			N			
	1s	2s	2p	3s	3p	3d	4s	4p	4d	4f
電子数	2	2	6	2	6	10	2	6	10	14

$$_{14}\text{Si}: \quad 1\text{s}^2 \qquad 2\text{s}^2 2\text{p}^6 \qquad 3\text{s}^2 3\text{p}^2$$

$_{14}$Si の下添字の 14 は原子番号を，1s^2 の 1 は $n=1$（K 軌道）を，s^2 の上添字 2 は s 軌道に電子が 2 個あることを示している．これを模式的に示したのが図 1.3 である．s,p 軌道ごとに電子の存在が区別できるように，半径を少し変えて描いてある．

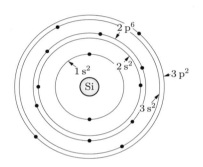

図 1.3　Si 原子の軌道上の電子

　電子は全体のエネルギーが最低となるように，原子核に近い軌道すなわちエネルギーの低い軌道から，表 1.1 に示す電子数に従って詰まっていく．一番外側の電子の存在する軌道を最外殻軌道とよぶ．Si では $n=3$ の軌道がそれである．電子は 3s 軌道には 2 個まで入ることができて，実際にも 2 個の電子が入っているから，この軌道はパウリの排他律的には満席状態といえる．

　一方，3p 軌道には 6 個まで入ることができるが，2 個しか電子は入っていなく，残り四つが空席となっている．つまり，3s，3p からなる最外殻軌道 3 には合計で 4 個の電子が入っており，四つの空席が残っていることになる．この場合，さらに 4 個の電子が入れば満席となり，原子番号 18 番のアルゴン（Ar）のような化学反応が生じにくい安定な原子となる．逆に，この最外殻軌道の 4 個の電子を放出すると，原子番号 10 番のネオン（Ne）のようになり，再び安定になる．ということは，Si 原子単体より，もっと安定な状態があることを意味する．それを実現するには，別の Si 原子をこの Si 原子に近づけて，最外殻にある電子を移して，最外殻にある空席を埋めるようにすればよい．ただし，1 個の隣接原子との間で 4 個の電子のやりとりをするよりは，周りに 4 個の原子を置き，各 1 個ずつ電子をやりとりして最外殻を埋めるようにした方が都合がよい（次節の図 1.4 参照）．

　このようにして，原子が規則正しく配列した固体，つまり**結晶**（crystal）ができる．すなわち，電子のやりとりで，Si が結合されているといえる．この結合手となる電子を**価電子**（valence electron）とよぶ．その価電子の数を**原子価**（valence）という．Si の原子価は 4 ということになる．

1.2 　結晶と結合形式

　結晶化するためのおもな結合形式には，食塩（NaCl）のような＋イオンと－イオンのクーロン力による結合の①**イオン結合**（ionic bond），Si 結晶のように，各原子が電子を共有し合って結合する②**共有結合**（convalent bond），Li などのアルカリ金属のように多数の原子が電子を出し合って結合する③**金属結合**（metallic bond）のほか，分子内の電荷分布が偏り，H は H^+，O は O^- のように作用して，静電的に結合している水，タンパク質のような④**水素結合**（hydrogen bond）がある．また，He，N_2 分子などは最外殻軌道は満席であり，通常結合力をもたないが，低温にすると分子間の電荷が移動して双極子が生じ，その双極子間引力により N_2 気体分子どうしに結合が生じ，気体から液体窒素になる．これを⑤**ファンデルワールス結合**（van der Waals' bond）または**分子結合**（molecular bond）という．

　半導体工学で重要な Si は，共有結合により結晶化する．図 1.4 は，Si の共有結合をモデル化し，平面的に示したものである．実際は，図 1.5 に示すように，Si 原子はその隣りの 4 個の Si 原子と 4 方向に等角度で立体的に結合している．海岸の侵食を防ぐために使われるテトラポッドのようなこの構造は，ダイヤモンドがもつ構造と同じであるので，これを**ダイヤモンド構造**（diamond structure）という．前節で述べたように，図 1.4 の中央の原子が単独に存在するときには，最外殻電子軌道は四つの

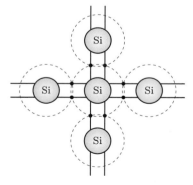

図 1.4　Si 結晶の共有結合

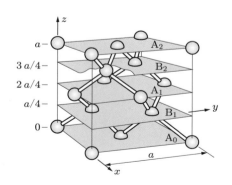

図 1.5　ダイヤモンド構造

空席をもっていたが，原子が隣接してくると軌道が重なり合い，隣りの四つの原子との間で各 1 個ずつの電子を共有するようになる．同じことは隣りの原子にもいえるので，結晶の切口の一番端の原子を除けば，全原子は 8 個の電子をもつことと等価になり，安定な状態を保持できる．このように，共有結合結晶は 8 本の結合手で個々の原子をがっちり結んでいるので，ダイヤモンドに代表されるように，機械的に硬く，化学的に比較的安定などの性質を共通してもつようになる．GaAs，InP など，ほかの半導体材料もほぼ同じ機構で結晶となる．

1.3 結晶の単位胞と方位

　隣り合う原子どうしを結んでみると，立体的な骨組みを考えることができる．この骨組みを**結晶格子**（crystal lattice）という．結晶格子の形は，ジャングルジムのように立方体の積み重ねからなる立方晶系や，蜂の巣のような六角柱の積み重ねからなる六方晶系などに分類される．このような立方体とか六角柱の一つひとつを**単位胞**（unit cell）という．Si のようなダイヤモンド構造の単位胞は，図 1.5 に示したように立方晶系に属する．図中の a は単位胞の辺の長さで**格子定数**（lattice constant）とよばれ，室温における Si 結晶では 5.43Å（0.543nm）である．Si 結晶では，図中の球はすべて Si 原子である．一方，GaAs，InP，InSb などのⅢ族とⅤ族の元素からなる**化合物半導体**（compound semiconductor）の場合，原子の存在する位置は同じであるが，図中の原子のうち $z = 0$ の A_0 面上にⅤ族原子，$a/4$ の B_1 面上にⅢ族原子，$2a/4$ の A_1 面上にⅤ族原子，$3a/4$ の B_2 面上にⅢ族原子が z 方向に交互に存在する．この構造をせん亜鉛鉱型とよんで，ダイヤモンド構造と区別する．図 1.5 の 0，$a/4$，$2a/4$，$3a/4$，a 面を原子面，それぞれの面を含む層を**原子層**（atomic layer）とよぶ．Si 結晶面では $a = 0.543 \text{nm}$ なので，1 原子層の厚みはその $1/4$ の 0.136nm となる．

　このような結晶材料を用いて半導体デバイスを作製するときには，結晶軸や結晶面の**方位**（orientation）が指定される．以下に，その表示法を，立方晶系を例にとって示す．図 1.6 に示すように，直交した x，y，z 軸からなる座標上で，結晶格子の任意の格子点を原点 O にとる．格子定数を a とすると，図 (c) の c 面は，$x = a$，$y = a$，$z = a$ で各軸と交わる．これらの逆数をとると，$1/a$，$1/a$，$1/a$ となり，これらをもっとも小さな整数値で表すと，1，1，1 となる．そこで，c 面を (111) 面と表す．また，その面の向いている方向，つまり原点を出発したベクトルがその面と直交して出ていく方向は [111] 方向と表す．なぜなら，原点を出発したベクトルは座標点 (a, a, a) を通るので，それらをもっとも小さな整数比で表すと 1，1，1 となるからである．一般に，(hkl) で面を，それと直交する軸方向を $[hkl]$ のように括弧の形を変えて表す．た

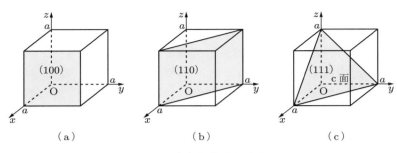

図 1.6　立方晶系の面の表示

だし，面の hkl と軸方向の hkl が同じ値になるのは，立方晶系のときだけである．この hkl を**ミラー指数**（Miller indices）という．x 軸方向は，[100]，y 軸方向は [010]，z 軸方向は [001] と表せる．

演習問題

1.1　ホウ素（B）原子，ガリウム（Ga）原子，そしてリン（P）原子の価電子数はいくらか．

1.2　Si 結晶で次のものはいくらか．
   (1)　単位胞あたりの原子数
   (2)　原子密度（$1\,\mathrm{m}^3$ 中の原子数）
   (3)　単位胞あたりの価電子数
   (4)　価電子密度（$1\,\mathrm{m}^3$ 中の価電子数）

1.3　問題 1.2 (2) で格子定数から原子密度を求めた．Si の原子量は約 28.1 であり，密度は $2.33 \times 10^3\,\mathrm{kg/m}^3$ である．$1\,\mathrm{m}^3$ 中の Si 原子数はいくらか．

1.4　長さと幅がともに $0.2\,\mathrm{\mu m}$ で，厚みが $100\,\mathrm{Å}$ の Si 結晶層中に価電子はいくつ入っているか．

1.5　$n=2$ と $n=3$ の軌道を回っている電子のエネルギーはどちらが高いか．

1.6　$x=\infty$，$y=-a$，$z=a$ で交わる結晶面がある．その面のミラー指数はいくらか．

1.7　立方晶系に属する Si 単結晶がある（格子定数 $a = 0.543\,\mathrm{nm}$）．
   (1)　$x=a$，$y=\infty$，$z=\infty$ で交わる面と $x=2a$，$y=\infty$，$z=\infty$ で交わる面の距離はいくらか．
   (2)　$x=a$，$y=a$，$z=\infty$ で交わる面と $x=2a$，$y=2a$，$z=\infty$ で交わる面の距離はいくらか．
   (3)　$x=a$，$y=a$，$z=a$ で交わる面と $x=2a$，$y=2a$，$z=2a$ で交わる面の距離はいくらか．

1.8　(100) 面でへき開された Si 単結晶表面がある．その表面の原子密度はいくらか．

エネルギー帯と自由電子

第 **2** 章

半導体の電流を構成する自由電子が，どこからどのようにして生成してくるかを明らかにするために，まず，結晶中の電子のエネルギー状態を，エネルギー準位やエネルギー帯で表すことを学ぶ．そして，そのエネルギー準位やエネルギー帯という考え方で，金属，半導体，絶縁物の電気的性質の違いをよく説明できること，さらに，それで半導体中の自由電子がどのように生成されてくるかを学ぼう．

2.1 エネルギー準位

式 (1.4) で与えられた電子の全エネルギーは，クーロン力による位置エネルギー（potential energy; PE）と，軌道上を回転することによる運動エネルギー（kinetic energy; KE）との和であった．ここで，それぞれについてもう一度検討しよう．$+q$ [C] をもつ原子核を中心として，半径 r_n [m] の軌道上の電子のポテンシャルエネルギー PE を求めると，次式を得る．

$$\mathrm{PE} = -\frac{1}{4\pi\varepsilon} \cdot \frac{q^2}{r_n} \tag{2.1}$$

ここで，ε は空間の誘電率である．エネルギーの単位としては，ジュール [J] の代わりに**エレクトロンボルト**（electron volt）[eV] が電子工学などでよく用いられる．この単位は，1 個の電子が 1 V の電位差中を動くときに得るエネルギーである．1 C の荷電粒子が 1 V の電位差中を動くときに得るエネルギーは 1 J なので，式 (1.1) に示す電荷をもつ電子のときには，このエネルギーは 1.60×10^{-19} J であり，これを 1 eV と表現する．

式 (2.1) のポテンシャルエネルギーの原子核からの距離依存性（ポテンシャル曲線）を図 2.1 に示す．第 1 章で述べた軌道半径を与える式 (1.3) から，一例として $n = 2$ の軌道半径を求めると，0.21 nm となる．この半径位置でのポテンシャルエネルギーはポテンシャル曲線（式 (2.1)）が与えるので，$n = 2$ の軌道は図 2.1 中の軌道位置にある．したがって，$n = 2$ の軌道電子はこの軌道を回っていることになる．ほかの n の値についても同様なことがいえる．

軌道電子は，速度 v で軌道上を回転運動している．その運動エネルギー KE は，向

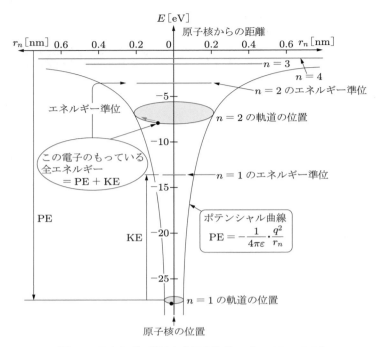

図 2.1　**エネルギー準位と全エネルギー（＝PE＋KE）**

心力と遠心力とのつり合いから,

$$\mathrm{KE} = \frac{1}{2}m_e v^2 = \frac{1}{8\pi\varepsilon}\frac{q^2}{r_n} \tag{2.2}$$

となり, したがって, 全エネルギー E は KE の分だけ PE より増加し,

$$E = \mathrm{PE} + \mathrm{KE} = -\frac{1}{8\pi\varepsilon}\frac{q^2}{r_n} \tag{2.3}$$

となる. その全エネルギーは, n に応じて図 2.1 に青い水平線で示されるとびとびの値をもつ. これを**エネルギー準位**（energy level）とよぶ. エネルギーをつけずに準位またはレベルとよぶこともある. 図 2.1 に示すように, $n=2$ の軌道電子の全エネルギーは $n=2$ のエネルギー準位で示される.

　電子は, 前述のパウリの排他律に従って, 低い準位から順に詰まっていく. したがって, 電子を 1 個しかもたない水素原子の場合は, $n=1$ の準位だけが占められている. この電子に外部から光を照射してエネルギーが与えられると, 電子の全エネルギーが高まり, 式 (2.3) から電子の軌道半径 r はポテンシャル曲線に沿って増大し, それとともに式 (2.2) から電子の軌道上の速度 v は 0 に近づく. そして, ついにはその半径は無限大となり, 電子は原子核の束縛から解き放され, 自由に動き回るようになる. つ

まり,**自由電子**(free electron)となる.何もしなければ電子は図 2.1 に示すポテンシャルの壁にさえぎられ,逃れることができないが,水素の場合なら,$n = 1$ の準位から $E = 0$ までのエネルギー差 13.6 eV を与えれば逃れることが可能になる.このようなエネルギーを**イオン化エネルギー**(ionization energy)という.図 2.2 に,原子番号 14,すなわち 14 個の電子をもつ Si 原子のエネルギー準位を示す.この図の準位上の ● 印は,その準位のエネルギーをもつ電子,つまりその準位を占める電子を表している.縦軸,横軸の 14 は陽子の数である.

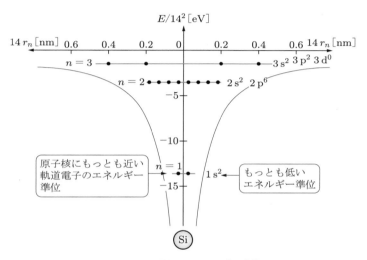

図 2.2 Si 原子のエネルギー準位

2.2 エネルギー帯の形成

前節では,原子が 1 個だけ孤立して存在している場合について考えた.実際の結晶では,多数個の原子がごく近接して存在している.簡単のために,3 個の Si 原子が一直線上に並んでいる図 2.3 のような仮想的結晶を考える.原子間のポテンシャルエネルギーは図のように重なり,その上方のエネルギー準位近くではポテンシャル壁は取り除かれる.すると,壁のなくなったその準位は,隣接原子のエネルギーの影響を受け,もともと 1 個の原子だけのときには 1 本だったエネルギー準位は,原子の個数(この場合 3)と同じ数だけ微細に異なる準位に分離する(これもパウリの排他律の結果である)と同時に,図に示すように,各原子に共通な準位となってしまう.

さらに,ポテンシャル壁の上端付近の各原子のエネルギー準位も隣接原子のエネルギーの影響を受けて,図に示すように,電子が 1 個 1 個入った 4 本の準位に分離する.

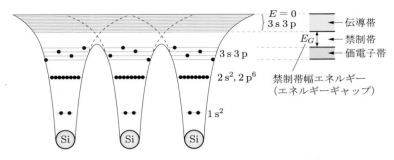

図2.3 **エネルギー準位とエネルギー帯（Si の場合）**

Si 原子の場合，3s と 3p の軌道が一体化（3s3p 混成軌道）し，下側の各原子の 4 本の準位と上側の 1 原子あたり 4 本の準位とに分かれる．上側の 4 本の準位は，全体では原子数が 3 個なので 3 個 × 4 本 = 12 本の準位に分離する．下側の 4 本の準位は電子で埋まっている．この電子は価電子である．その電子は束縛された状態にあるため，結晶中を動き回ることはできないが，外部から光や熱エネルギーがその電子に与えられると，励起されて，上側の準位に遷移する．この準位は結晶全体に拡がっているので，そこへ遷移した電子は自由に結晶中を動くことができる．

　実際の Si 結晶では，原子数は $1\,m^3$ あたりおよそ 5×10^{28} 個なので，上側の準位では $1\,m^3$ 中に $5 \times 10^{28} \times 4$ 本という膨大な本数の準位が存在していることになる．したがって，これは独立した 1 本ごとの準位というより，帯（band）のようにみえる．そこで，個々のエネルギー準位の線を描くのを省略し，図の右側に示すように，帯だけを描いて示す．この図を**エネルギー帯図**（energy band diagram）または**エネルギーバンド図**という．上側の帯の中の多数の準位は電子で満たされておらず，空席となっている．もし，そこに電子が移ってきて，電界が加えられると，その電子は運動エネルギーを得て，より上の空席の準位へ上がり，自由に固体内を動き回れることになる．この自由電子を**伝導電子**（conduction electron）という．

　このように，この帯は，電子の電気伝導作用を提供するので，**伝導帯**（conduction band）とよばれる．下側の帯の中の準位は価電子で埋まっており，電界が加わって上の準位へ動こうとしても，満席になっているので，価電子は動くことができない．この帯は充満帯または**価電子帯**（valence band）とよばれる．伝導帯と価電子帯の間にある電子の存在が禁止されている帯を，**禁制帯**（forbidden band）とよぶ．そのエネルギー差 E_G を**禁制帯幅エネルギー**（forbidden band gap energy）または**エネルギーギャップ**（energy gap）という．価電子帯の上端にある価電子は，E_G 以上のエネルギーを光または熱からもらうと，結晶の結合から外れて自由に動き回る．つまり伝導

帯へ遷移する.

2.3 半導体・金属・絶縁物のエネルギー帯構造の違い

エネルギー帯を用いると，金属，半導体，絶縁物の特徴が理解しやすい．図 2.4 に，金属の例として銅，半導体の例として Si，絶縁物の例としてダイヤモンドのエネルギー帯図を比較して示す．図 (a) の金属では，3d の価電子帯は 4s の伝導帯と重なっていて，禁制帯がない．そこで，電界が金属に印加されると，電子はエネルギーを得て，より高いレベルの空席に移り，自由に動き回る自由電子となる．これが電気伝導をもたらす原因であり，金属が **導体**（conductor）となる理由である．図 (b) の半導体では，禁制帯があり，E_G のエネルギーギャップが存在する．外部から E_G 以上のエネルギーが光または熱により電子に印加されると，価電子帯の電子が禁制帯を飛び越えて伝導帯へ遷移し，伝導電子となる．これが電気伝導を生じさせ，**半導体**（semiconductor）となる．図 (c) の絶縁物では，E_G が半導体のそれよりはるかに大きい．したがって，価電子は，光または室温程度の熱エネルギーを与えられたくらいでは，この大きな E_G を飛び越えて伝導帯へ遷移できない．そのため，この場合には伝導電子を生じにくいので，電気伝導は起こりにくく，**絶縁物**（insulator）となる．

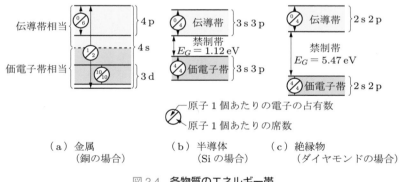

図 2.4　各物質のエネルギー帯

演習問題

2.1 式 (2.2) を導出せよ．

2.2 Si 結晶で，伝導帯となる上側の 3s3p 混成軌道のエネルギー準位の数は，厚み $100\,\text{Å}$，幅 $0.2\,\mu\text{m}$，長さ $0.2\,\mu\text{m}$ の Si 層中に何本あるか．

2.3 問題 2.2 の層の中で，上側の 3s3p 混成軌道に最大何個の電子が入れるか．

2.4 金属，半導体，絶縁物のエネルギー帯をそれぞれの特徴を示すようにモデル的に表すと

どうなるか.

2.5　価電子帯の電子が伝導帯に上がるためには，外からいくらのエネルギーを加える必要があるか.

2.6　室温（$T = 300\,\mathrm{K}$）の熱エネルギーはいくらか（eV の単位で求めよ）.

半導体のキャリヤ

半導体の電流は自由電子で構成されると述べてきたが，じつは，半導体では，もう一つのキャリヤとして，電子とは反対の正電荷をもつ正孔が存在する．したがって，電流は自由電子と正孔とで構成される．そこで，正孔が多く生成される p 型半導体と自由電子が多く生成される n 型半導体のキャリヤ生成メカニズムについて学ぼう．半導体デバイスは，p 型半導体と n 型半導体を組み合わせた pn 接合から構成されているといっても過言ではなく，これらの理解は非常に重要である．

3.1 真性半導体のキャリヤ

図 3.1 は，シリコン半導体結晶での共有結合部から電子が飛び出て動く様子を示している．結晶の両端に外部から電圧をかけてある．その状態で外部から光や熱を加えると，共有結合している価電子がそのエネルギーを受け取り，余分なエネルギーを得るため，原子核からの引力に打ち勝ち，図のように飛び出し，原子間を自由に動き回るようになる．

一方，このように電子が抜け出すと，そこには電子の "孔" が残る．この孔は $-q$ の電荷をもった電子の抜けた跡なので，$+q$ の電荷を帯びた粒子と考えることができる．その意味で，この孔を**正孔**（hole）とよぶ．図のように飛び出した電子は＋電極側に走行していく．残された正孔にその近くから電子が移ってきて入り込むが，これは，あたかも $+q$ の電荷をもった粒子が，－電極側に移動すると考えることができる．この

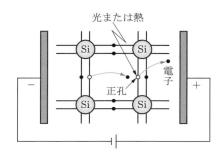

図 3.1 　真性半導体でキャリヤが生じる様子

正孔は，伝導電子と独立に動いて電荷を運ぶので，電子とは別の荷電粒子とみなすことができる．これら電荷の運び手である電子と正孔とを**キャリヤ**（carrier）とよぶ．

この様子をエネルギー帯図で示したのが図 3.2 である．光や熱が加えられると，電子が結合から離れて自由になる．これは，図 3.2 のエネルギー帯図では，価電子帯の電子が禁制帯を飛び越えて，伝導帯に入り，伝導電子となることに相当している．その電子は伝導帯中を＋電極側へ動く．一方，価電子帯に生じた正孔には隣りから電子が入り込む．つまり，電子と正孔が入れ替わるようにして，図のように，正孔は－電極側に動いていく．このように，電子，正孔というキャリヤの移動により，電流が生成される．外部からのエネルギー印加により，1 個の電子と 1 個の正孔が必ずペアで生じる（これを**電子正孔対**（electron-hole pair）という）ので，いまの場合は，電子密度 n は正孔密度 p に等しい．このような半導体を，次に述べる不純物を故意に入れた半導体と区別して，**真性半導体**（intrinsic semiconductor）とよぶ．

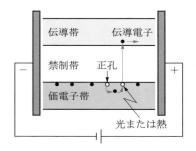

図 3.2 **真性半導体でキャリヤが生じる様子を示すエネルギー帯図**

3.2 外因性半導体のキャリヤ

3.2.1 n型半導体のキャリヤ

真性半導体に，Ⅴ族の元素（たとえばリン原子（P））を結晶性が劣化しない程度に**混入**（dope）し，Si 原子の一部を P 原子で置き換えると，伝導電子密度を顕著に増加できる．図 3.3 に，Si 原子が P 原子で置き換わったときの原子結合図を示す．

P 原子は 5 価なので，価電子は 5 個で，結合手は 5 本である．一方，Si 原子の結合手は 4 本なので，P 原子の結合手が 1 本余る．つまり，共有結合に関与しない電子が余分なものとして生じてしまう．共有結合している電子は原子核としっかり結合しているが，この余分な電子は原子核と弱い引力で結ばれているに過ぎない．したがって，小さいエネルギー（たとえば室温程度の熱エネルギー）で，結合が切れ，電子は自由になる．その結果，伝導電子密度が増加する．このように，結晶の電気的性質を変え

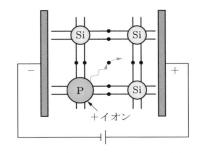

図 3.3　Si 結晶中にドープされた P 原子により生成された伝導電子

る**不純物**（impurity）を混入することを**ドーピング**（doping）とよび，混入する不純物を**ドーパント**（dopant）とよぶ．ドーパントの中で，P のように伝導電子を生成する不純物を，電子を与える意味から**ドナー**（donor）とよぶ．Si に対しては V 族元素がドナーとなりうる．その中で，P と As が多用される．

　電子が出ていった後の P 原子は正電荷を帯びた＋イオンとなる．この様子をエネルギー帯図で示したのが図 3.4 である．小さいエネルギーで電子が自由になる，つまり伝導電子となるということは，P 原子のエネルギー準位は伝導帯の底のエネルギー（E_c）のすぐ下に位置していると考えることができる．このエネルギー準位を**ドナー準位**（donor level）といい，図のように，エネルギー E_d で示す．

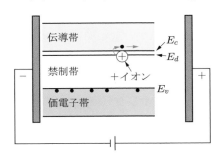

図 3.4　ドナー準位からの電子の励起による伝導電子生成の様子

　このドナーの混入密度は，Si の場合，その原子密度 $5 \times 10^{28}\,\mathrm{m}^{-3}$ に対して，$10^{20} \sim 10^{25}\,\mathrm{m}^{-3}$ である．室温においては，混入されたドナーのほぼすべてが伝導電子を供出し，＋イオンとなる．したがって，電子密度 n はドナー密度 N_D にほぼ等しい．キャリヤは負（negative）の電荷をもった電子だから，この伝導型は n 型といい，この半導体を **n 型半導体**（n-type semiconductor）とよぶ．

3.2.2　p型半導体のキャリヤ

　真性半導体に，Ⅲ族の元素（たとえばホウ素（B））をドープすると，正孔密度を顕著に増加できる．図3.5に，Si原子がB原子で置き換わったときの原子結合図を示す．B原子は3価なので，価電子は3個で，結合手は3本である．一方，Si原子の結合手は4本なので，電子が存在しない1本の結合手が生じる．この部分は電子を欠いているため，正の電荷を帯びる．その正電荷に引っぱられたSiの価電子が，室温程度の小さい熱エネルギーで結合を抜け出て，この正電荷部分に捕まる．元の抜け孔は正孔として残る．B原子は，もともと3個の電子をもって中性でいたのに，4個目の電子を捕えたことにより，－イオンになる．

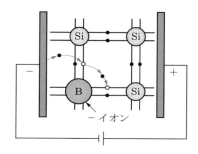

図3.5　Si結晶中にドープされたB原子により生成された正孔

　この様子をエネルギー帯図で示したのが図3.6である．価電子は，室温程度の小さいエネルギーでB原子に捕まるので，そのエネルギー準位は，図3.6のように価電子帯の近くにあると考えられる．この準位を**アクセプタ準位**（acceptor level）といい，図のようにE_aで示す．このように，Ⅲ族の不純物は正孔を供給する．この不純物を，電子を受け入れるという意味で**アクセプタ**（acceptor）という．このアクセプタの混入密度も$10^{20} \sim 10^{25}\,\mathrm{m}^{-3}$である．アクセプタは室温程度のエネルギーで電子を捕え，ほぼすべてが－イオンとなる．したがって，正孔密度pはアクセプタ密度N_Aにほぼ

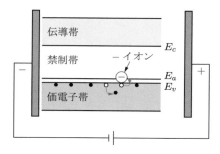

図3.6　価電子帯の電子がアクセプタ準位に移り，価電子帯に正孔が生成される様子

等しい．キャリヤは正（positive）の電荷をもった正孔であることから，これを**p 型半導体**（p-type semiconductor）という．n 型半導体は外部からのドナーの混入によって，また，p 型半導体はアクセプタの混入によってその性質が決まるので，これらを真性半導体に対して，**外因性半導体**（extrinsic semiconductor）とよぶ．

3.3　キャリヤ生成機構

半導体にキャリヤが生成する機構は，次の 3 種類にまとめることができる．

① 半導体結晶の結合に寄与している価電子が，外部からの光，熱などのエネルギーによって，結合を離れ，自由となり，伝導電子および正孔となる（図 3.1，3.2 参照）．

② n 型不純物をドープすると，その不純物からの余分な電子が伝導電子となる（図 3.3，3.4）．

③ p 型不純物をドープすると，その不純物が電子を受け入れ正孔が生成される（図 3.5，3.6）．

各伝導型の半導体中のキャリヤが，どの生成機構から生成されたキャリヤによって構成されているかを整理して示すと，次のようになる．

真性半導体のキャリヤ：①で生成されたキャリヤ

n 型半導体のキャリヤ：②で生成されたキャリヤ＋①で生成されたキャリヤ

p 型半導体のキャリヤ：③で生成されたキャリヤ＋①で生成されたキャリヤ

演習問題

3.1　半導体のキャリヤにはどのようなものがあるか．

3.2　真性半導体中には，どのようにして生成されたキャリヤがあるか．

3.3　Si 結晶中にヒ素（As）をドープするとその伝導型は何型となるか，また，ホウ素（B）をドープすると何型となるか．

3.4　外因性半導体中には，どのようにして生成されたキャリヤがあるか．

3.5　p 型半導体中に n 型不純物をドープするとどうなるか．

3.6　Si 結晶中のリン（P）原子から電子が供出された後，そのリン原子は＋，－どちらのイオンとなるか．また，ホウ素（B）原子の正孔のところに電子が入り込んだ後は，そのホウ素原子は＋，－のどちらのイオンとなるか．

3.7　問題 3.6 で生じる不純物原子のイオンは，結晶中を動くことができるか．

キャリヤ密度とフェルミ準位

第4章

　伝導電子と正孔で構成される半導体の電流の値（量）を求めるためには，伝導電子の量つまり密度と正孔密度が必要となる．本章では，半導体中のキャリヤ密度を求める理論式を，エネルギーバンド，フェルミ準位，フェルミ−ディラックの分布則を用いて導出する．そして，真性半導体，n型半導体，p型半導体のキャリヤ密度を求める式を導出し，実際にそれらの量を求めてみる．さらに，pn接合の作製法の実際についても学ぼう．

4.1　キャリヤ密度

　伝導帯中の電子密度 n は，伝導帯中の電子が占めることのできる席の密度（エネルギー状態密度）$g_n(E)$（単位エネルギー，単位体積あたりなので密度という）と，電子がその席を占める確率 $f_n(E)$ の積の総和で求められる．いい換えれば，$g_n(E) \cdot f_n(E)$ を E_c から伝導帯の上端まで，実質的には $E = \infty$ まで積分すれば求められる．

$$n = \int_{E_c}^{\infty} g_n(E) \cdot f_n(E)\, dE \tag{4.1}$$

$g_n(E)$ を図で説明すれば，図 4.1 (a) の上方に線で示す伝導帯中の単位エネルギー幅

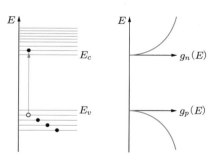
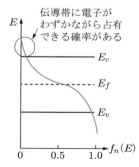
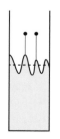

（a）エネルギー準位　　（b）エネルギー状態　　（c）フェルミ−ディラック　　（d）バケツの中
　　と電子の励起　　　　　密度関数（電子　　　　　分布関数（電子が席を　　　の水位と水
　　　　　　　　　　　　　または正孔の席）　　　　占有する確率）　　　　　　しぶき

図 4.1　**エネルギー状態密度関数とフェルミ−ディラックの分布関数**

に含まれるエネルギー準位の数になる．この $g_n(E)$ は，量子論的検討から次式で与えられる．

$$g_n(E) = 4\pi \left(\frac{2m_n}{h^2}\right)^{3/2} (E - E_c)^{1/2} \tag{4.2}$$

$g_n(E)$ は，図 (b) に示すように E_c から上側で $\sqrt{E}$ に比例して増加する．ここで，m_n は半導体中を電子が動き回るときの実効的な質量を示し，電子の有効質量とよぶ．一方，電子がエネルギー E の状態を占める確率，つまり占有確率は，統計力学から求められた**フェルミ–ディラック分布関数**（Fermi-Dirac distribution function）$f_n(E)$ で，次のように与えられる．

$$f_n(E) = \frac{1}{1 + \exp\{(E - E_f)/kT\}} \tag{4.3}$$

ここで，E_f は**フェルミ準位**（Fermi level）である．図 (c) にこの分布関数を示すが，図に示すとおり，高いエネルギーにある準位を電子が占有する確率はきわめて小さい．式 (4.3) で $E = E_f$ とおくと，占有確率 $f_n(E_f) = 1/2$ となる．したがって，フェルミ準位 E_f は電子の占有確率が $1/2$ になるエネルギーであるといえる．フェルミ準位は図 (d) のように，外力で揺らされ，波打っている水面の平均水位と考えるとわかりやすい．図のように，波のしぶきが上の方まで上がる，つまり高いエネルギーまで水が上がることがままある．これは，高エネルギーまで上がる電子がわずかであるが存在することを示す．つまり，図 (c) に示すように，E が大きいところでも $f_n(E) \neq 0$ ということにあたる．式 (4.1) に，式 (4.2)，(4.3) を代入すれば，伝導電子密度 n は求められるが，計算が複雑である．式 (4.1) の積分範囲の E は E_c 以上なので，式 (4.3) の $E - E_f$ は $\exp\{(E - E_f)/kT\} \gg 1$ の条件を満たすことが多い．このとき，式 (4.3) は，

$$f_n(E) \cong \exp\left(-\frac{E - E_f}{kT}\right) \tag{4.4}$$

と近似できる．つまり，フェルミ–ディラック分布はボルツマン分布の式で近似できる．これを，式 (4.3) の代わりに式 (4.1) に代入すると，計算が簡単となり，伝導電子密度 n は次のように求められる．

$$n = 2 \left(\frac{2\pi m_n kT}{h^2}\right)^{3/2} \exp\left(-\frac{E_c - E_f}{kT}\right) \tag{4.5}$$

上式で，占有確率を示す exp 項の前についている係数を，次式のように N_c とおき，これを**伝導帯の実効状態密度**（effective density of states）とよぶ．

$$N_c = 2 \left(\frac{2\pi m_n kT}{h^2}\right)^{3/2} \tag{4.6}$$

本来，状態は図 4.1 (a)，(b) で示したように，E_c 以上のエネルギーにわたって，広

く分布している．しかし，式 (4.5) は，$E = E_c$ での占有確率だけで，n が決定できることを示している．したがって，この N_c は，分布して存在している状態を $E = E_c$ のところに集中して等価的に存在させた場合の伝導帯の状態密度を示しているともいえる．したがって，n を計算するのに，式 (4.1) をそのつど計算する必要はなく，次式で求めればよい．

$$n = N_c f_n(E_c) \cong N_c \exp\left(-\frac{E_c - E_f}{kT}\right) \tag{4.7}$$

ここで，$f_n(E_c)$ は，式 (4.4) のボルツマン分布の式で $E = E_c$ とおいたものである．N_c の値を巻末の付表 3 に示す．

　一方，価電子帯の正孔密度 p も同様に求めることができる．正孔の占有確率 $f_p(E)$ は，電子がその状態を占有していない確率に等しいので，

$$f_p(E) = 1 - f_n(E) \cong \exp\left(\frac{E - E_f}{kT}\right) \tag{4.8}$$

となる．ただし，上と同様に，$\exp\{(E_f - E)/kT\} \gg 1$ として，ボルツマン分布による近似を用いた．したがって，価電子帯中の正孔密度 p は，価電子帯の状態密度を $g_p(E)$（m_p は正孔の有効質量）として，

$$p = \int_{-\infty}^{E_v} g_p(E) \cdot f_p(E) \, dE$$
$$= 2\left(\frac{2\pi m_p kT}{h^2}\right)^{3/2} \exp\left(\frac{E_v - E_f}{kT}\right) \tag{4.9}$$

となる．ここで，電子の場合と同様，式 (4.9) の exp 項の前についている係数を，次式のように N_v とおき，**価電子帯の実効状態密度**とよぶ．

$$N_v = 2\left(\frac{2\pi m_p kT}{h^2}\right)^{3/2} \tag{4.10}$$

すると，正孔密度 p は次式で求めることができる．

$$p = N_v f_p(E_v) \cong N_v \exp\left(\frac{E_v - E_f}{kT}\right) \tag{4.11}$$

4.2　真性キャリヤ密度

　真性半導体のキャリヤ密度 n, p を，とくに**真性キャリヤ密度**（intrinsic carrier density）とよび，n_i, p_i で表す．真性半導体のキャリヤは，3.1 節で述べたように，電子正孔対として生成するので，次式の関係が成立している．

$$n_i = p_i = \sqrt{np} \tag{4.12}$$

式 (4.7) と式 (4.11) を上式に代入すると，次式を得る．

$$n_i = p_i = \sqrt{np} = \sqrt{N_c N_v} \exp\left(-\frac{E_G}{2kT}\right) \tag{4.13}$$

ここで，$E_G = E_c - E_v$ は禁制帯幅エネルギーである．Si の場合，$T = 300\,\mathrm{K}$ で，$n_i = p_i = 1.5 \times 10^{16}\,\mathrm{m^{-3}}$ となるとして広く用いられている[†]．この電子，正孔は共有結合枝が切れて生成されたものであるが，その数は多そうにみえる．しかし，Si の原子密度は $5 \times 10^{28}\,\mathrm{m^{-3}}$ なので，10^{12} 個の Si 原子あたり 1 個の割合で電子と正孔が存在していることになり，ほんのわずかに過ぎない．一般に，半導体とよばれるものは，温度が上昇すると抵抗が減少する性質を示す．それは，その温度上昇により，式 (4.13) の exp 項に従って著しく多数の電子と正孔とが生成され，キャリヤ密度が増大するようになるためである．たとえば，$T = 600\,\mathrm{K}$ とすると，$n_i = p_i \cong 3.4 \times 10^{20}\,\mathrm{m^{-3}}$ となる．さらに温度を上昇させ，1420°C になると，室温付近では結合していた電子の大部分が結合から外れ，原子どうしを結合できなくなり，Si 結晶は融解してしまう．

4.3　真性フェルミ準位

真性半導体のフェルミ準位 E_f を，とくに**真性フェルミ準位**（intrinsic Fermi level）E_i という．真性半導体では $n = p$ なる関係があるので，式 (4.7) と式 (4.11) とが等しいとおいて E_i を求めると，次式を得る．

$$E_i = \frac{E_c + E_v}{2} + \frac{kT}{2}\ln\frac{N_v}{N_c} = \frac{E_c + E_v}{2} + \frac{3}{4}kT\ln\frac{m_p}{m_n} \tag{4.14}$$

この式で，Si や GaAs では，2 項目は 1 項目に比較して無視できる程度に小さく，真性フェルミ準位 E_i は E_c と E_v の真ん中，つまり禁制帯のほぼ中央にあるといえる．

ここで，式 (4.7) の n と式 (4.11) の p を n_i と E_i を使って表現しなおすと，次式となる．

$$n = n_i \exp\left(\frac{E_f - E_i}{kT}\right) \tag{4.15}$$

$$p = n_i \exp\left(\frac{E_i - E_f}{kT}\right) \tag{4.16}$$

式 (4.15)，(4.16) で $E_f > E_i$，つまり，フェルミ準位が禁制帯のほぼ中央にある E_i より上側にあるなら，$n > p$ となり，伝導型は n 型となる．一方，$E_f < E_i$，つまり，

[†]　式 (4.13) と巻末の付表 3 の 300 K での N_c，N_v，E_G の値から求めた n_i の値は，通常用いられている上記の値と異なる．それは，有効質量が低温での実験値であることと，実験値と一致しない実効状態密度に起因している．しかし，その値の違いは 2 倍程度であり，温度に強く依存して変わる n_i では大きな要素ではないので，本書ではこの値を用いる．

フェルミ準位が E_i より下側にあるなら，$p > n$ となり，p型となる．このように，伝導型はフェルミ準位の位置で決まり，4.5節で述べるように，単純に混入不純物だけで決まるものではないので注意が必要である．

4.4　多数キャリヤと少数キャリヤ

式 (4.15) と式 (4.16) の積をとってみると，

$$pn = n_i{}^2 = 一定 \tag{4.17}$$

となる．このように，熱平衡時には **pn 積一定** という関係が，真性，外因性半導体によらず，一般的に成立する．この関係は，電子密度 n か正孔密度 p のどちらか一方が n_i より多いと，他方は必ず n_i より少なくなることを示している．この多い方を**多数キャリヤ**（majority carrier），少ない方を**少数キャリヤ**（minority carrier）という．

4.5　外因性半導体のキャリヤ密度とフェルミ準位

不純物としてのドナー原子密度が N_D [m^{-3}] である n 型半導体と，アクセプタ原子密度が N_A [m^{-3}] である p 型半導体をとりあげる．このうち，まず n 型半導体の電荷密度について考えよう．これには，ドナー原子から外れた電子および熱的に結合から外れて価電子帯から伝導帯に励起された電子による負電荷密度 $-qn$，電子が外れてイオン化した＋のドナーイオンによる正電荷密度 qN_D，電子が熱的に伝導帯に励起された後に残った価電子帯の正孔による正電荷密度 qp がある．半導体は全体で中性，つまり**電荷中性条件**が成立しているので，

$$qN_D + qp - qn = 0 \tag{4.18}$$

の関係が成り立つ．さらに，pn 積は一定という関係式 (4.17) も成立している．この両式から，n は次式のように求められる．

$$n = \frac{1}{2}\left(N_D + \sqrt{N_D{}^2 + 4n_i{}^2}\right) \tag{4.19}$$

一方，式 (4.17) の関係より，上式で n が決まれば，p は次のように求められる．

$$p = \frac{n_i{}^2}{n} \tag{4.20}$$

ここで，通常，n 型半導体では，ドナー密度 N_D は $N_D \gg n_i$ の条件でドープされているので，式 (4.19)，(4.20) は近似的に次のように表せる．

$$n \cong N_D \tag{4.21}$$

$$p \cong \frac{n_i{}^2}{N_D} \tag{4.22}$$

つまり，n 型半導体の電子密度 n はドナー不純物密度と等しい．一方，p 型半導体の p，n も上と同様にして求めると，次のようになる．

$$p = \frac{1}{2}\left(N_A + \sqrt{N_A{}^2 + 4n_i{}^2}\right) \tag{4.23}$$

$$n = \frac{n_i{}^2}{p} \tag{4.24}$$

ここで，通常の p 型半導体で成立している $N_A \gg n_i$ の条件のもとでは，式 (4.23)，(4.24) は近似的に次のように表せる．

$$p \cong N_A \tag{4.25}$$

$$n \cong \frac{n_i{}^2}{N_A} \tag{4.26}$$

キャリヤ密度の近似式 (4.21)，(4.25) をそれぞれ式 (4.15)，(4.16) に代入し，n 型半導体のフェルミ準位 E_{fn}，p 型半導体のフェルミ準位 E_{fp} を求めると，次のようになる．

$$E_{fn} = E_i + kT \ln \frac{N_D}{n_i} \tag{4.27}$$

$$E_{fp} = E_i - kT \ln \frac{N_A}{n_i} \tag{4.28}$$

図 4.2 に，E_{fn}，E_{fp} の半導体の温度 T に対する変化を模式的に示す．この図から，温度が上昇すると，E_{fn}，E_{fp} とも E_i に近づくのがわかる．このフェルミ準位の変化は，式 (4.27)，(4.28) の ln の前についている T ではなく，n_i を求める式 (式 (4.13)) の中の T に強く依存している．

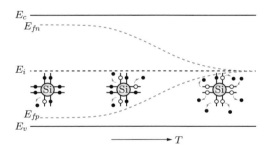

図 4.2　フェルミ準位の温度依存性

これまで，n 型半導体にはドナー（密度 N_D）だけが，p 型半導体にはアクセプタ（密度 N_A）だけが混入されていると考えてきた．一般的には，たとえばアクセプタ密度が N_A である p 型半導体に，ドナーを $N_D > N_A$ になるように混入すると，伝導型

がp型からn型に変わる．このとき，正味のドナー密度は $N_D - N_A$ となる．この場合には，式 (4.18)〜(4.22) そして式 (4.27) の N_D を $N_D - N_A$ に置き換える必要がある．同様に，n型をp型に変えた場合には，正味のアクセプタ密度は $N_A - N_D$ となる．この場合には，式 (4.23)〜(4.26) そして式 (4.28) の N_A を $N_A - N_D$ に置き換える必要がある．

ちょっと考えると，アクセプタとドナーを両方混入すると，正孔密度が N_A，電子密度が N_D になりそうである．しかし，$N_A > N_D$ の場合，電子の抜けた孔である正孔が多数存在するときに電子が存在すれば，電子はその孔を埋めて結合枝を形成するのに使われてしまうので，実質的には $N_A - N_D$ の正孔密度にしかならない．したがって，4.3 節でも述べたが，n型かp型かの区別は，基本的には混入不純物の種類ではなく，フェルミ準位が E_i（禁制帯のほぼ中央）より上にあればn型，下にあればp型，E_i と同じなら真性半導体であるとした方が混乱をさけることができる．この状況は，酸とアルカリの中和現象と本質的に同じである．具体例を述べると，次のようになる．

図 4.3 に示すように，$2 \times 10^{22}\,\mathrm{m^{-3}}$ のアクセプタ密度をもつp型 Si (p-Si) に $3.2 \times 10^{23}\,\mathrm{m^{-3}}$ のドナーを導入すると $3 \times 10^{23}\,\mathrm{m^{-3}}$ の伝導電子密度をもつn型 Si (n-Si) 領域ができる．さらに，その領域に $4.3 \times 10^{24}\,\mathrm{m^{-3}}$ のアクセプタ原子を導入すると，$4 \times 10^{24}\,\mathrm{m^{-3}}$ の正孔密度をもつp型 Si ができる．たとえば第8章で述べる pnp 構造は，このようにして作製されている．

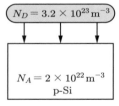

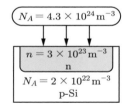
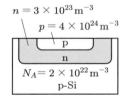

（a）ドナー原子を導入　（b）アクセプタ原子を導入　（c）pnp 接合構造の形成

図 4.3　pnp 接合構造

演習問題

4.1　ある n 型 Si の自由電子密度 n は $10^{23}\,\mathrm{m^{-3}}$ であるという．正孔密度 p はいくらか．$n_i = 1.5 \times 10^{16}\,\mathrm{m^{-3}}$ であるとする．

4.2　$10^{23}\,\mathrm{m^{-3}}$ のホウ素原子を Si 結晶にドープした．室温における正孔密度はいくらか．また，電子密度はいくらか．

4.3　次の問いに答えよ．

　(1)　真性 Si 結晶の 300 K での電子密度を式 (4.13) から求めるといくらか．また，正

　　　孔密度はいくらか.

  (2) $10^{17}\,\mathrm{m}^{-3}$ のリン原子を Si 結晶にドープした. 300 K での電子密度はいくらか. また, 正孔密度はいくらか.

  (3) (2) の結晶の温度が 400 K に上昇した. 電子密度, 正孔密度はいくらになるか. ただし, E_G はここでは 300 K での値を用いることにする.

  (4) (2) の結晶が 300 K と 400 K にあるとき, どちらが真性半導体に近いか.

4.4 $N_D = 10^{23}\,\mathrm{m}^{-3}$ の n 型 Si のフェルミ準位は $T = 300\,\mathrm{K}$ でどこに位置するか. また, $N_A = 10^{23}\,\mathrm{m}^{-3}$ の p 型 Si のフェルミ準位は $T = 300\,\mathrm{K}$ でどこに位置するか. E_v を基準とする.

4.5 $N_A = 2 \times 10^{22}\,\mathrm{m}^{-3}$ の p 型 Si 結晶に $N_D = 2 \times 10^{23}\,\mathrm{m}^{-3}$ のリン原子をドープした. そのときの正味のドナー密度はいくらか.

4.6 E_{fn}, E_{fp} は,

$$E_{fn} = E_c - kT \ln \frac{N_c}{N_D}, \quad E_{fp} = E_v + kT \ln \frac{N_v}{N_A}$$

とも表されることを示せ.

半導体の電気伝導

半導体の電流は伝導電子と正孔で構成されると述べてきた．この電流は伝導電子や正孔の密度とこれらキャリヤの速度で決定される．本章では，まず，キャリヤの速度が半導体固体中でどのように決まるかを考え，固体中でのキャリヤの動きやすさ（移動度）は物質固有の量として決まること，キャリヤの速度には，電界で走行するドリフト速度とそのキャリヤの濃度勾配に比例して拡散する速度があることを学ぶ．次いで，半導体中を流れる電流の値を求める式を，キャリヤ速度，キャリヤ密度，抵抗率，導電率と関連づけた形で導出する．最後に，流れの連続性に相当する半導体中のキャリヤ連続の式を導出する．

5.1 ドリフト電流

半導体中のキャリヤは周囲の熱エネルギーを受け取って，図 5.1 (a) に示すように，結晶格子と衝突して四方八方に運動し，いわゆるブラウン運動をしており，正味の移動（時間平均したときの位置の移動）はない．これの両端に図 (b) のように電圧を加えると，キャリヤ（この図では電子）は電界によって＋電極側に引かれるので，ブラウン運動に一定の力が加わった形の運動をする．そして，最終的に＋電極の方へ移動していく．この図の場合，0 から a まで移動する．この距離 a を移動に要した時間で

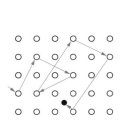

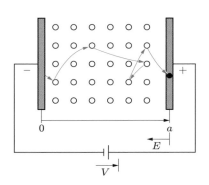

（a）電界がない場合 　　　　（b）電界をかけた場合

図 5.1 半導体中の電子の運動

割って得られる速度を**ドリフト速度**（drift velocity）v [m/s] という．キャリヤは結晶格子と衝突しながら移動していくので，衝突時間より長い時間間隔でこの速度を求めれば，その値は経過時間に関係なく，電界に比例する形となる．この速度は加えた電圧 V [V]，つまり半導体試料にかかる電界 E [V/m] に比例して増す．この様子を図 5.2 に示す．速度が直線的に増加する部分の傾きを μ で表すと，次式の関係で表せる．

$$v = \mu E \tag{5.1}$$

この比例係数 μ [m^2/V·s] を**ドリフト移動度**（drift mobility），または単に**移動度**（mobility）という．この式を変形すると，$\mu = v/E$ なので，μ は単位電界あたりの速度であることがわかる．これは，結晶材料によって決まる物質固有の量である．正孔についても同様に考えることができる．いくつかの半導体結晶に対する電子と正孔の移動度を表 5.1 に示す．次に，電界を高くすると，電子は結晶格子と激しく衝突し，結晶格子を振動させ，そこでエネルギーを消費する．そのため速度は増加せず，図 5.2 のように飽和する．この速度を**飽和速度**（saturation velocity）という．微細化したデバイスでは，この飽和速度でその高速性能が決まることが多い．このように，電界という外力により電荷が移動することで生じる電流を**ドリフト電流**（drift current）という．

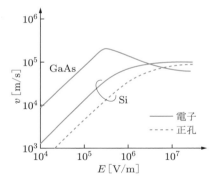

表 5.1 半導体の移動度
（$T = 300$ K，真性半導体の場合）

半導体	μ_n [m^2/V·s]	μ_p [m^2/V·s]
Ge	0.50	0.20
Si	0.15	0.05
GaAs	0.85	0.04
GaP	0.011	0.0075
InSb	7.80	0.075
InP	0.46	0.015
CdS	0.030	0.0050

図 5.2 **電子，正孔の速度の電界依存性**

次に，p 型半導体を例にとって，ドリフト電流を求めてみよう．まず，電流がどのように表せるかを考えてみる．図 5.3 に示すように，正孔密度が p [m^{-3}] の半導体棒の途中に，正孔の流れを止める仮想的な水門があるとする．正孔は速度 v_p でその水門を通過する．

$$\begin{cases} dt \text{ [s] 間に通過する体積} = v_p\, dt\, S \\ \text{通過するキャリヤ量} = p v_p\, dt\, S \\ \text{通過する電荷量} = dQ = q p v_p\, dt\, S \end{cases} \tag{5.2}$$

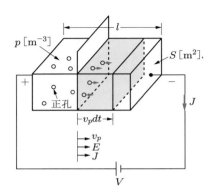

図 5.3　ドリフト電流を求める図

電流 I は単位時間あたりのある断面を通過する電荷量であるから，電流密度（$J = I/S\,[\mathrm{A/m^2}]$）は，上の dQ と $v_p = \mu_p E$ を代入して次式のようになる．

$$J = \frac{dQ}{dt}\frac{1}{S} = qpv_p = qp\mu_p E \tag{5.3}$$

ここで，μ_p は正孔の移動度，E はこの棒中の電界で $E = V/l$ で与えられる．このような電流は電界という外力によって生成された電流であるので，前述のようにドリフト電流である．この式から，次のことがわかる．

① キャリヤ密度 p が大きくなると電流は増加する．

② 移動度 μ_p が大きくなると電流は増加する．

③ 外部から加えられた電界 E が大きくなると電流は増加する．

5.2　半導体におけるオームの法則

図 5.4 に示すように，電圧 V が加えられた，長さ $l\,[\mathrm{m}]$，断面積 $S\,[\mathrm{m^2}]$ の半導体棒を流れる電流 $I\,[\mathrm{A}]$（電流密度 $J\,[\mathrm{A/m^2}]$）を考えてみよう．半導体中には，それぞれ電子密度 $n\,[\mathrm{m^{-3}}]$，正孔密度 $p\,[\mathrm{m^{-3}}]$ をもつ電子と正孔がある．この場合の電流は，電子が負電荷を運ぶことによって作られる電子電流と正孔が正電荷を運ぶことによって作られる正孔電流の和となる．図中に示す速度 v，電界 E，電流密度 J の矢印の方向を正とすると正孔電流密度 J_p は，式 (5.3) を参照して，

$$J_p = qpv_p = qp\mu_p E \tag{5.4}$$

となる．一方，電子電流密度 J_n は，電子は負電荷をもっていることと，電子の速度 v_n の向きが負であることを考慮して，

$$J_n = -qn(-v_n) = qnv_n = qn\mu_n E \tag{5.5}$$

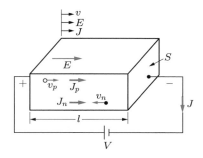

図5.4 半導体棒中を動くキャリヤと流れる電流

と求められる．全電流密度 J はこれらの和として，次式のように求められる．

$$J = J_n + J_p = q(nv_n + pv_p) = q(n\mu_n + p\mu_p)E \tag{5.6}$$

$I = JS$，$E = V/l$ の関係を用いて，式 (5.6) を I，V を用いて表すと，

$$I = JS = q(n\mu_n + p\mu_p)\frac{V}{l}S \tag{5.7}$$

となる．一方，この半導体棒の抵抗を $R\,[\Omega]$ とすると，オームの法則から $I = V/R$ と表されるので，これと式 (5.7) を見比べると，

$$R = \frac{l}{q(n\mu_n + p\mu_p)S} \tag{5.8}$$

を得る．したがって，式 (5.7) は半導体におけるオームの法則といえる．ただし，抵抗 R は式 (5.8) で与えられるものである．この抵抗は，電気回路理論に出てくる抵抗 R を物質固有の量である μ_n，μ_p とデバイスパラメータ n，p，形状寸法 l，S とでより詳細に表したものである．

一方，式 (5.8) は，

$$R = \rho\frac{l}{S} = \frac{l}{\sigma S} \tag{5.9}$$

の関係から，

$$\rho = \frac{1}{\sigma} = \frac{1}{q(n\mu_n + p\mu_p)} \tag{5.10}$$

と書き表せる．ρ はその単位が $[\Omega\cdot\mathrm{m}]$ で**抵抗率**（resistivity）とよび，σ はその逆数で単位が $[\mathrm{S/m}]$ であり，**導電率**（conductivity）とよぶ．

通常，半導体基板は① n 型か p 型か，②抵抗率は何 $\Omega\cdot\mathrm{m}$ かで規定される．そこで，次のように分類して式 (5.10) を表現し直しておくと役立つであろう．

(a) 真性半導体 $(n = p = n_i)$

$$\rho = \frac{1}{qn_i(\mu_n + \mu_p)} \tag{5.11}$$

(b) n型半導体 $(n \cong N_D \gg p)$

$$\rho \cong \frac{1}{qn\mu_n} \cong \frac{1}{qN_D\mu_n} \tag{5.12}$$

(c) p型半導体 $(p \cong N_A \gg n)$

$$\rho \cong \frac{1}{qp\mu_p} \cong \frac{1}{qN_A\mu_p} \tag{5.13}$$

伝導型が n 型とわかっている Si 半導体があって，その電子密度 n を知りたいとしよう．式 (5.12) から，抵抗率 ρ と移動度 μ_n の値がわかればそれを求めることができる．まず，ρ を 4 探針法で測定したところ，$0.04\,\Omega\cdot\mathrm{m}$ と求められたとする．μ_n は表 5.1 から $\mu_n = 0.15\,\mathrm{m^2/V\cdot s}$ であるから，式 (5.12) を用いて，$n = 1.04 \times 10^{21}\,\mathrm{m^{-3}}$ と求めることができる．

移動度はキャリヤの結晶中での動きやすさを示すものであるが，図 5.5 に模式図を示すように，次に示す二つの機構でおもにその値が決まる．

① **格子散乱**（lattice scattering）：熱のエネルギーにより，結晶格子点にある原子が振動し，キャリヤを通過させにくくさせる．

② **不純物散乱**（impurity scattering）：イオン化した不純物原子のクーロン力により，キャリヤの行路が曲げられる．

そのために，温度が高くなっても，不純物密度が高くなっても移動度 μ は減少してしまう．図 5.6 に移動度の不純物密度依存性を示す．この図から，不純物密度が約

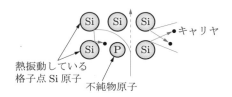

図 5.5　格子散乱と不純物散乱

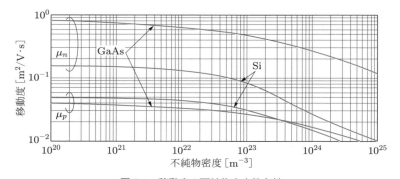

図 5.6　移動度の不純物密度依存性

$10^{22}\,\mathrm{m}^{-3}$ 以下なら，μ はほぼ一定とみなせるので，式 (5.11)〜(5.13) で n や p を簡単に求められる．しかし，それ以上であると移動度の不純物密度依存性を考慮しなければならないので複雑となる．この依存性を考慮して実験データを基に求めた，抵抗率と不純物密度の関係を図 5.7 に示す．この図で抵抗率から不純物密度，または逆に，不純物密度から抵抗率を求めることができる．

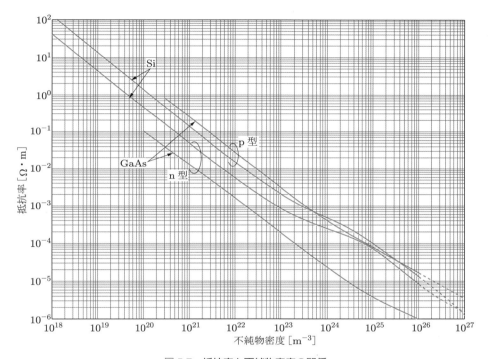

図 5.7　抵抗率と不純物密度の関係

5.3　拡散電流

半導体棒中での正孔密度 p が左側端で高く，右方にいくに従って低くなっていく図 5.8 のような状態があったとしよう．この場合，キャリヤは熱運動によって，密度の高い方から低い方へ（つまり右方へ）動いて半導体全体に平均した密度で存在しようとする．このように，密度勾配によって生じるキャリヤの移動を**拡散**（diffusion）という．この場合，正電荷をもったキャリヤが左から右へ動くことになり，右方へ向かう電流 J_{Dp} が生成される．これを**拡散電流**（diffusion current）という．

キャリヤの x 方向への流れの大きさは，正孔密度の勾配（$= dp/dx$）に比例する．

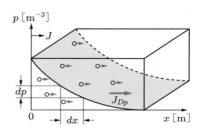

図 5.8 **拡散現象と拡散電流**

また，その流れの向きは密度の低くなる方向である．正孔による拡散電流密度 J_{Dp} は，次式のように表される．

$$J_{Dp} = +qD_p\left(-\frac{dp}{dx}\right) = -qD_p\frac{dp}{dx} \tag{5.14}$$

ここで，$+q$ は正孔のもつ電荷を示す．比例係数 D_p は正孔の熱運動による運動のしやすさを表しており，正孔の**拡散定数**（diffusion constant）とよぶ．負号はキャリヤの拡散方向が密度の勾配と逆であることを示している．図 5.8 の密度分布を電子の場合に読み換えれば，電子の拡散電流密度は次式のように求められる．

$$J_{Dn} = -qD_n\left(-\frac{dn}{dx}\right) = qD_n\frac{dn}{dx} \tag{5.15}$$

ここで，$-q$ は電子のもつ電荷を示す．D_n は電子の拡散定数である．（　）中の負号は，正孔の場合と同じ理由である．

　ところで，拡散定数は前述のようにキャリヤの拡散のしやすさを表す定数である．この拡散は，キャリヤの移動度 μ が大きければ大きいほど容易となる．また，拡散現象は熱エネルギーに基づくので，温度 T が高ければ高いほど，キャリヤは拡散しやすい．理論的に，電子および正孔の拡散定数 D_n, D_p は μ および T に関し，上記の予想を裏付ける次式のような関係をもつ．

$$D_n = \frac{k}{q}\mu_n T \tag{5.16}$$

$$D_p = \frac{k}{q}\mu_p T \tag{5.17}$$

ここで，k はボルツマン定数である．この式を**アインシュタインの関係**（Einstein relation）とよぶ．

　n 型半導体中に多数キャリヤである電子を外部から注入すると，その空間電荷によって電界が生じ，それにより注入キャリヤは散っていく．この現象は**誘電緩和時間**（dielectric relaxation time）程度で，たとえば数 ps という非常に短い時間で終了する．これに対して，n 型半導体中に少数キャリヤである正孔を外部から注入すると，そ

の正孔の周囲を電子が取り囲んで中性となり，上記の現象は生じない．しかし，注入された正孔は拡散により密度分布の空間的変化がなくなるように散っていく．また，再結合によってもキャリヤ密度は変化する．通常の半導体では，上の誘電緩和時間に比べて，これらの現象はきわめて長い時間をかけて進行する．

5.4 キャリヤ連続の式

　熱平衡時の正孔密度がp_0，電子密度がn_0であるp型半導体に，外部から，少数キャリヤである電子と多数キャリヤである正孔が注入され，図5.9 (a)，(b) にそれぞれ示すような電子密度分布，正孔密度分布になったとしよう．このとき，多数キャリヤの正孔密度分布は，電子を中和しようと，図 (b) のように，電子密度分布と同じようになる．図 (b) のように，注入による正孔の増加は，もともとの正孔密度p_0が高いので，大きな増加割合とはならない．ところが，図 (a) のように，注入による電子の増加はもともとの電子密度n_0が低いので，大きな増加割合となる．したがって，そこでの現象を調べるには，多数キャリヤの動きをみるよりは，少数キャリヤの動きをみる方がわかりやすい．

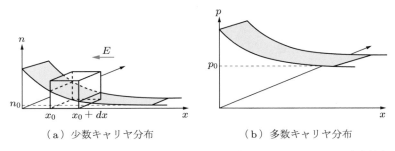

（a）少数キャリヤ分布　　　　　　（b）多数キャリヤ分布

図5.9　p型半導体へ少数キャリヤである電子を注入したときのキャリヤ密度分布

　そこで，少数キャリヤに注目し，これらが図 (a) に示すような体積要素の箱の中に，流入したり，流出したり，この中で発生したり，消滅したりする変化を考えてみよう．この図中の箱部分を拡大した図5.10で考える．

　まず，拡散現象による体積要素中のキャリヤ密度の時間的増加割合は，x_0から流入し，$x_0 + dx$から流出するキャリヤの流束の勾配で決まり，次式のように表せる．

$$-\frac{d\left\{D_n\left(\frac{-dn}{dx}\right)\right\}}{dx} = +D_n\frac{d^2n}{dx^2} \tag{5.18}$$

ここで，左辺の先頭の負号は体積要素中でキャリヤ密度の増加を求めたいので，キャリヤの流束の勾配が負の値となるようにつける．

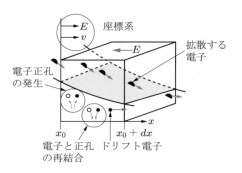

図 5.10　体積要素中のキャリヤの出入り

　次に，ドリフト現象による体積要素中のキャリヤ密度の増加割合は，キャリヤの流束の勾配で決まり，電界 E が図 5.9 (a) 中に示す向きに存在しているとすると，次式のように表せる.

$$-\frac{d\{n\mu_n(-E)\}}{dx} = +\mu_n E \frac{dn}{dx} + n\mu_n \frac{dE}{dx} \tag{5.19}$$

この場合も，左辺の先頭の負号は，上と同じ理由でつける.

　また，光照射などによって，この箱中に単位時間に発生する電子の**発生割合**（generation rate）を G_n とする. 一方，発生した電子が再び正孔と結合してキャリヤが消滅していく**再結合**（recombination）現象が生じる. 再結合によって単位時間に消滅していくキャリヤ密度を**再結合割合**（recombination rate）R_n とする. 熱平衡以上に高密度に存在する電子のキャリヤ密度（過剰キャリヤ密度 $n - n_0$）が高いほど，再結合は生じやすい. また，電子が正孔と再結合する時間を**キャリヤ寿命時間**（carrier lifetime）τ と定義する. これが短いほど，再結合が顕著なことを示す. この τ を使えば，再結合割合 R_n は次式で表せる.

$$R_n = \frac{n - n_0}{\tau_n} \tag{5.20}$$

τ_n は，ここでは少数キャリヤである**電子の寿命時間**（electron lifetime）である. 結局，この体積要素（箱）中の少数キャリヤ（電子）密度の増加割合 dn/dt は，上で求めた関係を用いて次式のようになる.

$$\frac{dn}{dt} = D_n \frac{d^2n}{dx^2} + \mu_n E \frac{dn}{dx} + n\mu_n \frac{dE}{dx} + G_n - \frac{n - n_0}{\tau_n} \tag{5.21}$$

　また，n 型半導体では正孔が少数キャリヤとなる. この正孔密度の増加割合 dp/dt も，G_p を正孔の発生割合，τ_p を正孔の寿命時間として，次のように表せる.

$$\frac{dp}{dt} = D_p \frac{d^2p}{dx^2} - \mu_p E \frac{dp}{dx} - p\mu_p \frac{dE}{dx} + G_p - \frac{p - p_0}{\tau_p} \tag{5.22}$$

これら二つの式を少数キャリヤに対する**連続の式**（continuity equations）とよぶ.

5.1　Si 真性半導体に 100 kV/m の電界が加わっている. 電子および正孔のドリフト速度を求めよ.

5.2　長さが 1 cm の n 型 Si 半導体棒（不純物密度 $N_D = 10^{20}\,\mathrm{m}^{-3}$）の両端に 100 V が加えられている. 電子のドリフト速度を求めよ.

5.3　不純物密度が $10^{23}\,\mathrm{m}^{-3}$ の n 型半導体がある. 1 kV/m の電界が加わっているときのドリフト電流密度を求めよ.

5.4　抵抗率が $0.002\,\Omega\cdot\mathrm{m}$ の p 型 Si 半導体がある. 少数キャリヤである電子の室温における拡散係数の値はいくらになるか.

5.5　長さが 4 mm, 断面積が $0.2 \times 0.2\,\mathrm{mm}^2$, 不純物密度が $10^{22}\,\mathrm{m}^{-3}$ の p 型 Si 半導体棒の両端に 1.5 V が加えられている.

　(1)　この半導体の正孔密度はいくらか.

　(2)　この半導体の導電率はいくらか.

　(3)　この半導体の抵抗率はいくらか.

　(4)　この半導体の抵抗はいくらか.

　(5)　この半導体を流れる電流はいくらか.

　(6)　流れている正孔のドリフト速度はいくらか.

pn接合とダイオード

　半導体デバイスは pn 接合からできているといっても過言ではなく，その意味で pn 接合はきわめて重要である．本章では，pn 接合で起こる電気現象を考察し，pn 接合領域に＋と－イオンの固定電荷が生成され，そこにビルトインポテンシャルが生成されること，pn 接合の電流は一方向にしか流れないこと，つまり，pn 接合は整流性を示すダイオードとなることなどを学ぶ．次いで，ダイオードを流れる電流とダイオードに加える電圧との関係式を，理論的に誘導する．

6.1　pn 接合

　アクセプタ密度が $N_A\,[\mathrm{m}^{-3}]$ である p 型半導体の左半分だけに密度 $N_D\,[\mathrm{m}^{-3}]$ のドナーを混入して，図 6.1 (a) のように n 型半導体に変換したとしよう．ここでは $N_D \gg N_A$ として，左半分の正味のドナー密度は $N_D - N_A \cong N_D$ とする．この際，図 (a) の半導体は，左半分の n 型半導体と右半分の p 型半導体とが結晶としては接続されているとみることもできる．このような，結晶としては接続されている領域を **pn 接合**（pn junction）という．仮に，図 (a) の半導体を左半分と右半分に切り離し，n 型，p 型半導体がそれぞれ単独に存在したとしたとすると，エネルギー帯図は，図 (b) のようになる．ここで，双方のフェルミ準位 E_{fn}, E_{fp} には差異があることに注目しておく．

　次に，この二つの半導体を元のように一体化する．すると，エネルギー帯図は図 (c) のようになる．その求め方は第 7 章で述べる．切り離してあったときには差異があったフェルミ準位は一体化し，熱平衡が達成されるように十分時間をかけた後は同一の高さになる．これは，図 (c) の右側に示すように，水位（レベル）が異なる二つの水槽を連結する（コックを開く）と，両水槽の水位が同一レベルになることと類似している．水槽間で水の移動があるように，半導体の pn 接合では，電子と正孔の移動が生じる．n 型半導体に多数存在する電子は，拡散現象により，その密度の低い p 型半導体中に移動する．移動した電子は p 型中に多数存在する正孔と再結合して消滅する．つまり，p 型中の接合部付近の正孔が欠乏し，アクセプタイオン ⊖ の負の電荷のみをもつ領域が生成される．

　一方，p 型半導体中に多数存在する正孔は，やはり拡散現象により，その密度の低い

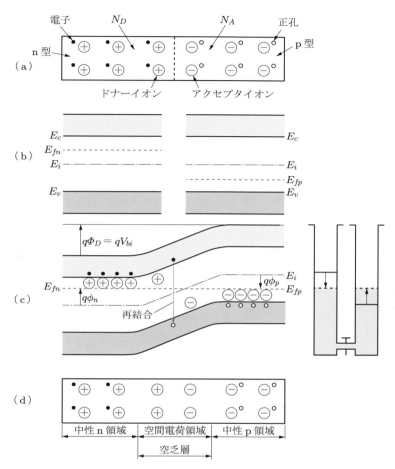

図 6.1 (a) n型半導体とp型半導体, (b) 接合前のエネルギー帯図, (c) 接合後のエネルギー帯図と連結された水槽, (d) 空間電荷領域, 空乏層の生成

n型半導体中に移動する. この間に, その正孔は接合部で電子と再結合し, 電子が欠乏し, ドナーイオン $\oplus$ による正の電荷をもつ領域が生成される. このように, 接合部付近では, 図 (c), (d) に示すように, −電荷をもったアクセプタイオンと+電荷をもったドナーイオンとが存在している. この領域を**空間電荷領域**(space charge region)とよぶ. その領域以外は, 図 (c), (d) に示すように, n型中では伝導電子とドナーイオンとが同数存在し, p型中では正孔とアクセプタイオンが同数存在しているので電気的に中性である. これらを, それぞれ, **中性n領域**, **中性p領域**とよぶ. また, 空間電荷領域では, +イオンから−イオンに向けて電気力線が走る. この電界が存在するので, 電子はn領域側へ, 正孔はp領域側へクーロン力により押しやられ, キャリ

ヤはこの空間電荷領域から掃き出されているので, **空乏層**（depletion layer）とよばれる. この電界は, n 側から p 側への電子の拡散, p 側から n 側への正孔の拡散を阻止するような反発力として生じる. いい換えれば, この電界によるドリフト電流が拡散電流を相殺するともみなせる. このようにして, キャリヤの拡散が停止し, 電荷の移動は止まる. つまり, 定常状態となる.

このように, ある現象が進むと, それを抑制する力が生じるのは自然の力であり, 熱平衡状態を考えるうえで重要である. ここで, 電界が生じていることは, 図 (c) で示すように, Φ_D という電位差が生じていることを意味する. この電位差を**拡散電位**（diffusion potential）Φ_D とか**内蔵電位**または**ビルトインポテンシャル**（built-in potential）V_{bi} とよぶ. この電位相当のエネルギー $q\Phi_D$ は, n 型半導体から p 型半導体へ拡散しようとする電子にとって, また p 型半導体から n 型半導体へ拡散しようとする正孔にとって, 立ちはだかるエネルギーの壁となるので, **電位障壁**（potential barrier）とよぶ.

この電位は, 図 (c) からわかるように,

$$\Phi_D = V_{bi} = \phi_n - \phi_p = \frac{E_{fn} - E_i}{q} - \left(-\frac{E_i - E_{fp}}{q} \right) \tag{6.1}$$

で与えられる. この式に, 式 (4.27) と式 (4.28) を代入すると,

$$\Phi_D = V_{bi} = \frac{kT}{q} \ln \frac{N_D}{n_i} + \frac{kT}{q} \ln \frac{N_A}{n_i} = \frac{kT}{q} \ln \frac{N_D N_A}{n_i{}^2} \tag{6.2}$$

となる. 例として, $T = 300\,\mathrm{K}$, $N_D = 10^{26}\,\mathrm{m}^{-3}$, $N_A = 10^{23}\,\mathrm{m}^{-3}$ をこの式に当てはめると, Si では $n_i = 1.5 \times 10^{16}\,\mathrm{m}^{-3}$ だから, $\Phi_D = V_{bi} = 0.99\,\mathrm{V}$ となる.

(6.2) pn 接合ダイオード

前節で述べた pn 接合に外部から電圧 v_D を加えた場合, どのような電流が流れるか考えてみよう. 図 6.2 中のエネルギー帯図 (a) に示すように, p 型半導体に +, n 型側に − の電圧を加える. これを**順バイアス**（forward bias）するという. このとき, この電圧により, フェルミ準位は qv_D だけずれ, 電位障壁は $q(\Phi_D - v_D)$ となり, 障壁は電圧を加える前より, 加えた電圧分 qv_D だけ小さくなる. したがって, 伝導帯の電子と価電子帯の正孔は, 電圧を加える前に比べて, 容易に障壁を越えていけるようになる. つまり, 電子・正孔とも pn 接合の空間電荷が作る電位障壁に逆らって, それぞれ反対側の領域に流れ込む. その結果, 外部回路に, 電子による電流と正孔による電流の和からなる電流 i_D が流れる. これを**順方向電流**（forward current）という. 加えた電圧 v_D を高めていくと, この i_D は急に大きくなる. この i_D-v_D 特性を**順方向特性**という. 上の説明で用いた帯図 (a) は, この特性上の点 A に対応する.

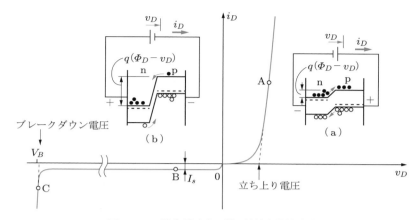

図 6.2　pn 接合ダイオードの特性と電位障壁

　次に，帯図 (b) に示すように，上記とは逆向きに電圧を加える．これを**逆バイアス**（reverse bias）するという．この電圧により，フェルミ準位は qv_D だけずれ，電位障壁は $q(\Phi_D - v_D)$（ただし，v_D は負の値）と大きくなる．したがって，電子・正孔とも，その障壁を越えていくことができず，逆向きの電流（これを**逆方向電流**（reverse current）という）は流れない．

　しかし，厳密にいえば，完全に 0 とはならない．それは，n 型半導体中には，ドナーから供給された多数キャリヤの電子以外に，熱的に励起されてくる少数キャリヤの正孔が，また，p 型半導体には，アクセプタから供給された多数キャリヤの正孔以外に，上と同様に励起された少数キャリヤの電子があるためである．これら少数キャリヤにとっては，この電位障壁は障壁とはならない．そのため，図の $v_D < 0$ の領域に示すように，この少数キャリヤの流れによるわずかな電流が流れる（縦軸のスケールは，v_D の負側で正側に比べて拡大して示してある）．この電流 I_s を**逆方向飽和電流**といい，この i_D-v_D 特性を**逆方向特性**という．帯図 (b) は，この特性上の点 B に対応する．

　これら順方向特性と逆方向特性を合わせた特性を pn 接合の **I-V 特性**という．このように，pn 接合では，順バイアスで電流が流れ，逆バイアスでは電流はほとんど流れない．この特性を**整流特性**ともいう．このような整流特性を示す素子を**ダイオード**（diode）といい，この場合には，**pn 接合ダイオード**という．電流が急に流れ始めるダイオード電圧を**立ち上り電圧**という．これは，図 6.2 の説明からわかるように，禁制帯幅が大きいほど大きく，Si の pn 接合ダイオードでは 0.7 V，Ge のそれは 0.4 V，GaAs では 0.9 V 程度である．

　逆方向に電圧を増加していくと，電流が図 6.2 の点 C のように急に流れ出す．その電圧では，図 6.2 (b) に見るように空乏層がきわめて狭くなり，高電界（数 100 kV/cm）

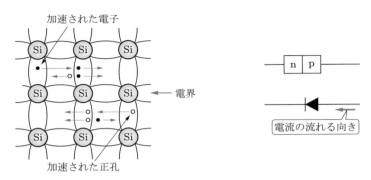

図6.3　電子なだれの様子　　　　図6.4　ダイオードの記号

が生じる．図6.3に示すように，その高電界で高加速された電子，正孔の価電子との衝突で生成された電子，正孔が加速され，衝突した電子，正孔も再加速され，別の価電子に衝突するという過程を繰り返す．このため，多量の電子，正孔が発生し，大きな電流が流れ出す．この現象を**電子なだれ**（avalanche）といい，電流が急に流れ始める電圧を**ブレークダウン電圧**（breakdown voltage，降伏電圧）という．この現象は，pn接合ダイオードのみならず，バイポーラトランジスタ，MOSトランジスタの破壊原因の一つとなる．電子なだれはブレークダウン電圧を保ったまま電流が流れる．破壊しない程度に電流をおさえた動作で使用できるようにしたのが，電子なだれ現象を用いたタイプの**定電圧ダイオード**である．

　pn接合ダイオードの回路記号を図6.4に示す．記号の矢印は順バイアスで流れる電流の向きを示している．

6.3　pn接合ダイオードの電流の大きさ

　前節では，pn接合を順バイアスすると電流が流れ，逆バイアスすると電流が流れないことを定性的に示してきた．本節では，その電流値を定量的に求めてみよう．一般的に，n型半導体中の熱平衡時の電子，正孔密度 n_{n0}，p_{n0} は，式(4.15)，(4.16)から，

$$n_{n0} = n_i \exp\left(\frac{q\phi_n}{kT}\right), \quad p_{n0} = n_i \exp\left(-\frac{q\phi_n}{kT}\right) \tag{6.3}$$

と表せる．また，p型半導体中の電子，正孔密度 n_{p0}，p_{p0} は，上と同様に，

$$n_{p0} = n_i \exp\left(\frac{q\phi_p}{kT}\right), \quad p_{p0} = n_i \exp\left(-\frac{q\phi_p}{kT}\right) \tag{6.4}$$

と表せる．式(6.3)，(6.4)の第1式どうし，第2式どうしを組み合わせて，式(6.1)を用いれば，次式を得る．

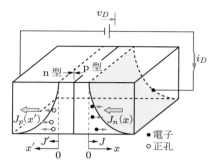

図 6.5 中性領域を流れる拡散電流

$$n_{p0} = n_{n0} \exp\left(-\frac{q\Phi_D}{kT}\right) \tag{6.5}$$

$$p_{n0} = p_{p0} \exp\left(-\frac{q\Phi_D}{kT}\right) \tag{6.6}$$

図 6.5 に示すように，pn 接合に外部電圧 v_D を加えると，電流 i_D が流れる．この i_D があまり大きな電流でない，つまり，n 領域から接合を通過して p 領域へ入ってきた電子の密度，および p 領域から接合を通過して n 領域へ入ってきた正孔の密度が，そこでの多数キャリヤ密度に比較して十分に小さい場合には，次のことが近似的に成り立つ．空間電荷領域をはさんだ中性領域（$x = 0$，$x' = 0$）でのそれぞれのキャリヤ密度（$n_p(x=0)$，$p_n(x'=0)$）は，式 (6.5)，(6.6) の Φ_D を $\Phi_D - v_D$ と置き換えて（ボルツマンの関係の成立），次式のように与えられる．

$$n_p(0) = n_n(0) \exp\left\{-\frac{q(\Phi_D - v_D)}{kT}\right\} = n_{n0} \exp\left\{-\frac{q(\Phi_D - v_D)}{kT}\right\}$$
$$= n_{p0} \exp\left(\frac{qv_D}{kT}\right) \tag{6.7}$$

$$p_n(0) = p_p(0) \exp\left\{-\frac{q(\Phi_D - v_D)}{kT}\right\} = p_{p0} \exp\left\{-\frac{q(\Phi_D - v_D)}{kT}\right\}$$
$$= p_{n0} \exp\left(\frac{qv_D}{kT}\right) \tag{6.8}$$

p，n 領域にはもともと，それぞれ n_{p0}，p_{n0} の少数キャリヤが存在している．そこへ，接合を通過して少数キャリヤがやってくる．それによって，増加したキャリヤの密度，つまり**過剰少数キャリヤ密度**（excess minority carrier density）$n'_p(0)$，$p'_n(0)$ は，次のようになる．

$$n'_p(x=0) = n_p(0) - n_{p0} = n_{p0}\left\{\exp\left(\frac{qv_D}{kT}\right) - 1\right\} \tag{6.9}$$

$$p'_n(x'=0) = p_n(0) - p_{n0} = p_{n0}\left\{ \exp\left(\frac{qv_D}{kT}\right) - 1 \right\} \tag{6.10}$$

6.1 節で述べたように，キャリヤは pn 接合部に生じている電位障壁を通過していく．それによる拡散電流を求めるためには，キャリヤの空間密度分布を求めなければならない．それを与えるのは，連続の式 (5.21)，(5.22) を，式 (6.9)，(6.10) の境界条件の下で解いた解である．定常状態について求めるので，$dn/dt = dp/dt = 0$ とおける．$x = 0$ または $x' = 0$ を原点とした各中性領域での密度分布を求めようとしているので，電界 $E = 0$ とおける．また，外部からのエネルギーによるキャリヤ発生はないとして，$G_n = G_p = 0$ とおく．これらの条件を式 (5.21)，(5.22) に適用すると，次式で示すような簡単化された連続の式となる．

$$\frac{d^2 n'}{dx^2} = \frac{n'}{D_n \tau_n} = \frac{n'}{L_n{}^2} \tag{6.11}$$

$$\frac{d^2 p'}{dx'^2} = \frac{p'}{D_p \tau_p} = \frac{p'}{L_p{}^2} \tag{6.12}$$

ここで，$L_n = \sqrt{D_n \tau_n}$, $L_p = \sqrt{D_p \tau_p}$ は，それぞれ電子，正孔の**拡散距離**（diffusion length）である．この式の一般解は，A, B, C, D を定数として次式で与えられる．

$$n'(x) = A \exp\left(-\frac{x}{L_n}\right) + B \exp\left(\frac{x}{L_n}\right) \tag{6.13}$$

$$p'(x') = C \exp\left(-\frac{x'}{L_p}\right) + D \exp\left(\frac{x'}{L_p}\right) \tag{6.14}$$

ここで，$x \to \infty$, $x' \to \infty$ において，n', p' は ∞ になりえないので，$B = 0$, $D = 0$ である．$x = 0$, $x' = 0$ での $n'(0)$, $p'(0)$ のそれぞれを式 (6.9)，(6.10) と等しいとおけば，A, C が求められる．その結果として，各中性領域での少数キャリヤ空間分布が次式のように求められる．

$$n_p(x) = n_{p0}\left\{ \exp\left(\frac{qv_D}{kT}\right) - 1 \right\} \exp\left(-\frac{x}{L_n}\right) \tag{6.15}$$

$$p_n(x') = p_{n0}\left\{ \exp\left(\frac{qv_D}{kT}\right) - 1 \right\} \exp\left(-\frac{x'}{L_p}\right) \tag{6.16}$$

図 6.5 に示すように pn 接合を通過してきた電子密度は，式 (6.15) により，p 領域中で減少する．一方，正孔密度は，式 (6.16) により，n 領域中で図のように減少する．このように，キャリヤ密度が空間的に傾きをもっているので，その傾きに比例した拡散電流が図の $J_n(x)$, $J_p(x')$ のように流れる．その電流は式 (5.15)，(5.14) に，式 (6.15)，(6.16) をそれぞれ代入して計算すれば，次式のように求められる．

$$J_n(x) = q\frac{D_n}{L_n}n_{p0}\left\{\exp\left(\frac{qv_D}{kT}\right) - 1\right\}\exp\left(-\frac{x}{L_n}\right) \tag{6.17}$$

$$J_p(x') = q\frac{D_p}{L_p}p_{n0}\left\{\exp\left(\frac{qv_D}{kT}\right) - 1\right\}\exp\left(-\frac{x'}{L_p}\right) \tag{6.18}$$

したがって，全電流密度 J_D は，上式で $x=0$，$x'=0$ とおいた和で，次式のように求められる.

$$J_D = J_n(0) + J_p(0) = J_s\left\{\exp\left(\frac{qv_D}{kT}\right) - 1\right\} \tag{6.19}$$

ここで，

$$J_s = q\left(\frac{D_n}{L_n}n_{p0} + \frac{D_p}{L_p}p_{n0}\right) \tag{6.20}$$

であり，6.2 節で述べた逆方向飽和電流密度（図 6.2 参照）である．式 (6.19) の J_D，J_s は電流密度であり，電流の形にするには，J に接合断面積 S をかければよい．つまり，$i_D = J_D S$，$I_s = J_s S$ で，

$$i_D = I_s\left\{\exp\left(\frac{qv_D}{kT}\right) - 1\right\} \tag{6.21}$$

となる．この式を図示したのが，図 6.2 のダイオードの特性である．通常，情報処理用ダイオードは順方向電流として 1〜10 mA 流すことが多い．そのような目的に作られたダイオードの逆方向飽和電流 I_s は，μA〜pA のオーダ，いい換えれば順方向電流の 10^3〜10^9 分の 1 であり，非常に小さい．つまり，逆方向バイアスされたダイオードは絶縁状態にある．この特性を使って，逆バイアスした pn 接合を LSI の素子と素子の間に組み入れて，素子間を絶縁するために用いることも多い．

6.4 ダイオードの実際構造

ダイオードの実際構造の代表例を図 6.6 に示す．図 (a) はテーブルの形状をしていることからメサ型とよばれる[†]．この形式では pn 接合面の外周が大気にさらされているので，漏れ電流が生じたりして信頼性が落ちるので，パッケージに封入されて用いられる．電界が接合面全体に一様にかかることから，高逆耐圧のダイオードを作りやすいという利点がある．図 (b) は形状が平面的なので，プレーナ型とよばれる．pn 接合面が絶縁膜の SiO_2 膜で被われており，接合が大気にさらされていないので，信頼性が高い．しかし，pn 接合面の外周付近に電界が集中し，降伏破壊が生じやすい．上側に両電極を設けた構造は一度に多数個を作製可能であることから，集積回路に多用さ

[†] 米国西部などにみられる卓状台地（メサ）に由来する.

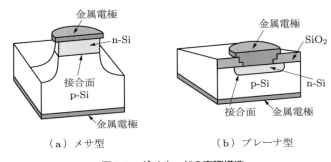

（a）メサ型 （b）プレーナ型

図 6.6 ダイオードの実際構造

表 6.1 Si-pn ダイオードの基本パラメータの例

基本パラメータ	n 領域	p 領域
長さ	$3 \times 10^{-6}\,\mathrm{m}$	$3 \times 10^{-4}\,\mathrm{m}$
不純物密度	$N_D = 10^{26}\,\mathrm{m^{-3}}$	$N_A = 10^{23}\,\mathrm{m^{-3}}$
少数キャリヤの寿命	$\tau_p = 10^{-9}\,\mathrm{s}$	$\tau_n = 10^{-8}\,\mathrm{s}$
少数キャリヤの拡散係数	$D_p = 10^{-3}\,\mathrm{m^2/s}$	$D_n = 5 \times 10^{-3}\,\mathrm{m^2/s}$
多数キャリヤの移動度	$\mu_n = 10^{-2}\,\mathrm{m^2/V \cdot s}$	$\mu_p = 1 \times 10^{-2}\,\mathrm{m^2/V \cdot s}$
真性キャリヤ密度	$n_i = 1.5 \times 10^{16}\,\mathrm{m^{-3}}$	
接合面積	$S = 10^{-7}\,\mathrm{m^2}$	
接合温度	$T = 300\,\mathrm{K}$	
比誘電率	$\varepsilon_r = 11.9$	

れている. 表6.1 に, Si-pn 接合ダイオードの基本パラメータの一例を示す.

　フォトダイオードや発光ダイオードなどの光デバイスやサイリスタなどのパワー
デバイスは pn 接合から構成されている. これらはダイオード単体, つまり個別素子
（discrete device）の例である. バイポーラトランジスタ, MOS トランジスタ, さら
に, それらデバイスを集積化して作られる集積回路（integrated circuit; IC）は, や
はり複数の pn 接合から構成されている.

演習問題

6.1　表6.1 に示したデバイスパラメータをもつ pn 接合ダイオードの拡散電位 V_{bi} の値はい
　　くらになるか.

6.2　表6.1 に示したデバイスパラメータをもつ pn 接合ダイオードにおける拡散距離 L_n, L_p
　　を求めよ.

6.3　表6.1 に示したデバイスパラメータをもつ pn 接合ダイオードにおける逆方向飽和電流
　　はいくらか.

6.4　ダイオード電流 i_D が室温において $50\,\mathrm{mA}$ 流れている. v_D はいくらか. ただし, 式 (6.21)
　　は成立しているとして, I_s は問題 6.3 の答の値とする.

6.5　逆方向飽和電流は, 逆方向電圧を大きくしても一定である. その理由は何か.

ダイオードの接合容量

pn 接合ダイオードは，次に述べる 2 種類の接合容量をもつ．① pn 接合部に生じる空間電荷領域が固定（結晶中を動かない）イオンとして電荷を蓄えていることにより生じる容量である．これを空乏層容量という．② n 領域から pn 接合を通り，p 領域の中性領域へ注入された電子（図 6.5 参照）は少数キャリヤであるため，正孔と再結合していずれ消滅するが，完全に消滅するまでの時間範囲では電荷を蓄えることになる．この電子のように，注入された少数キャリヤの量に相当した容量が発生する．これを拡散容量という．この値はダイオードを流れる順方向電流の大きさによって変化する．

空乏層容量は電圧によって変化可能な電気容量である．それを利用した素子であるバリキャップ（あるいはバラクタ）は，ラジオ，テレビ，携帯電話，各種通信機器のチャネル選択用電子同調やマッチング回路に多用されている．本章では，これら二つの容量の電圧，または電流依存性について学ぶ．

空乏層容量

図 7.1 (a) に，pn 接合ダイオードを逆バイアスしたときの空間電荷と空乏層を示す．ダイオードに加えた電圧 V が dV だけ変化したときに，空間電荷量が dQ だけ変化すると，$C = dQ/dV$ により容量が求められる．このとき，この空間電荷領域内の固定イオン電荷密度は不純物密度であらかじめ決まるので，その値は V が変化しても変化しない．では，総電荷量は変化しないかというとそうではない．空間電荷領域の幅が変化する．つまり，イオンによる電荷を収めている容器の体積が変化することになるので，その領域内の総電荷量が dQ だけ変化することになり，容量 C が生じる．

次に，この容量を計算してみよう．図 (b) に示すように，空乏層の n 領域側にはドナーイオンによる密度 qN_D の + 電荷が，p 領域側にはアクセプタイオンによる密度 qN_A の − 電荷が生成されている．このように電荷が存在している中での電位 v は，電荷密度を ρ とすると，次式のようなポアソンの式で与えられる．

$$\frac{d^2v}{dx^2} = \frac{-\rho}{\varepsilon} \tag{7.1}$$

ここで，ε はシリコンの誘電率で，$\varepsilon = \varepsilon_r \varepsilon_0$（$\varepsilon_r$：シリコンの比誘電率，$\varepsilon_0$：真空の

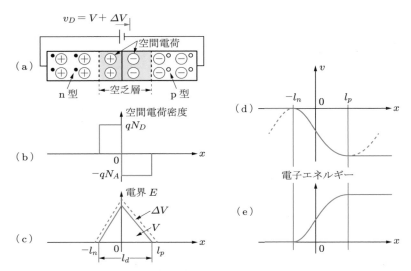

図 7.1 (a) 逆バイアスにより生じた空間電荷層, (b) 空間電荷密度の分布, (c) v_D を増加させたときの空乏層幅 l_d の拡がり, (d) 電位分布, (e) 電子エネルギー分布

誘電率）である．この式を空乏層内の n 領域側に適用すると，$\rho = qN_D$ なので，

$$\frac{dv}{dx} = \frac{-qN_D}{\varepsilon}x + C \;(\text{積分定数}) \tag{7.2}$$

となる．ここで，電界は $E = -dv/dx$ で与えられ，n 型領域中の空乏層の幅を l_n として，$x = -l_n$ で $E = 0$ という境界条件を考え合わせると，

$$E = \frac{qN_D}{\varepsilon}x + \frac{qN_D}{\varepsilon}l_n \quad (-l_n \leq x < 0) \tag{7.3}$$

となり，図 (c) に示す右上がりの直線のような電界分布となる．さらに，n 型空乏層中の電位 v は，式 (7.3) を距離 x で積分し，$v(x = -l_n) = 0$ という境界条件を考慮すると，

$$v = -\int \left(\frac{qN_D}{\varepsilon}x + \frac{qN_D}{\varepsilon}l_n \right) dx = -\frac{qN_D}{2\varepsilon}(x + l_n)^2 \tag{7.4}$$

となる．これは，図 (d) に示すような，上に凸の放物線の片側となる．

空乏層内のアクセプタ領域内の電界も，p 型領域中の空乏層の幅を l_p として，上と同様にして求めると，

$$E = \frac{-qN_A}{\varepsilon}x + \frac{qN_A}{\varepsilon}l_p \quad (0 < x \leq l_p) \tag{7.5}$$

となり，図 (c) の右下がりの直線のように電界は変化する．さらに，p 領域側の電位 v も，式 (7.4) から $x = 0$ で $v = -\{qN_D/(2\varepsilon)\}l_n{}^2$ であることを考慮して上と同様に求めると，

$$v = \frac{qN_A}{2\varepsilon}(x - l_p)^2 - \frac{q}{2\varepsilon}(N_D l_n{}^2 + N_A l_p{}^2) \tag{7.6}$$

となる．これは，図 (d) に示すような，下に凸の放物線の片側となる．電子エネルギーは $-qv$ なので，エネルギーバンド図における pn 接合領域のエネルギー曲線は図 (d) の電位曲線が上下に反転した図 (e) のような形になる[†]．

$x = 0$ では，n-Si と p-Si は誘電率 ε が同一なので，電界は連続している必要がある．その電界を E_m とすると，式 (7.3)，(7.5) で $x = 0$ とおいて，次式のようになる．

$$E_m = \frac{qN_D}{\varepsilon}l_n = \frac{qN_A}{\varepsilon}l_p \tag{7.7}$$

この式から，次の関係式が得られる．

$$N_D l_n = N_A l_p \tag{7.8}$$

空間電荷層にかかる電圧は式 (7.3)，(7.5) の電界を距離 x で積分すれば求められるが，図 (d) の $x = l_p$ における電位の絶対値で与えられる．そこで，式 (7.6) で $x = l_p$ とおくとその電圧が求められる．ここで，外部から加える電圧を v_D とすると，ここに加わっている電圧は $V_{bi} - v_D$ である．したがって，

$$V_{bi} - v_D = \frac{qN_D}{2\varepsilon}l_n{}^2 + \frac{qN_A}{2\varepsilon}l_p{}^2 \tag{7.9}$$

となる．また，式 (7.8) の関係を用いると，次のようにも表せる．

$$V_{bi} - v_D = \frac{qN_D}{2\varepsilon}l_n{}^2\left(1 + \frac{N_D}{N_A}\right) = \frac{qN_D}{2\varepsilon}l_n{}^2\left(\frac{N_A + N_D}{N_A}\right) \tag{7.10}$$

これを変形すると，

$$l_n = \sqrt{\frac{2\varepsilon}{qN_D}(V_{bi} - v_D)}\sqrt{\frac{N_A}{N_A + N_D}} \tag{7.11}$$

と，l_n が求められる．同様に l_p は，

$$l_p = \sqrt{\frac{2\varepsilon}{qN_A}(V_{bi} - v_D)}\sqrt{\frac{N_D}{N_A + N_D}} \tag{7.12}$$

と求められる．したがって，**空乏層容量**（depletion layer capacitance）C_d は，

$$C_d = \frac{dQ}{d(V_{bi} - v_D)} = \frac{qN_D S d l_n}{d(V_{bi} - v_D)} = S\sqrt{\frac{q\varepsilon N_A N_D}{2(N_A + N_D)}}\frac{1}{\sqrt{V_{bi} - v_D}} \tag{7.13}$$

と求められる．**空乏層幅**（depletion layer width）または空間電荷領域の幅を l_d とすると，

$$l_d = l_n + l_p = \sqrt{\frac{2\varepsilon}{q}\frac{N_A + N_D}{N_A N_D}(V_{bi} - v_D)} \tag{7.14}$$

[†] pn 接合領域のエネルギーバンド図におけるエネルギー曲線は，図 (d) のように二つの放物線の合成曲線となるが，本書の多くの図では，簡単に直線状に描いてある．

となる．式 (7.13) を l_d を用いて表してみると，次のようになる．

$$C_d = \frac{\varepsilon S}{l_d} \tag{7.15}$$

このように表せるということは，この容量が，図 7.2 に示すように，誘電率 ε で厚み l_d のシリコン結晶材料を面積 S の電極板ではさんだ構造からなるキャパシタと等価であることを意味する．この容量は式 (7.13) からわかるように，外部から加えた電圧 $v_D\ (<0)$ の増加とともに減少する．この傾向は，式 (7.14) と式 (7.15) をみればわかるように，v_D の増加につれて，上記の極板間隔 l_d が増加し，C_d が減少したと考えれば容易に理解できる．

図 7.1 (c) の電界分布を表す三角形の面積は，電圧 $V_{bi} - v_D$ に等しい．したがって，逆方向にバイアス電圧 v_D を増すと，その面積が増加するようにこの三角形が図の破線のように大きくなる．このとき，三角形の底辺を形作っている l_d も大きくなる．そのため，容量が減少するのである．このように，ダイオードを逆バイアスすることにより，外部電圧によってその容量値が変わる．つまり**可変容量**（variable capacitance）が得られる．これを利用したデバイスが本章の冒頭で触れたバリキャップ（<u>variable capacitor</u>）またはバラクタ（<u>variable reactor</u>）である．

式 (7.13) を変形すると，

$$\frac{1}{C_d{}^2} = \frac{2(N_A + N_D)}{S^2 q \varepsilon N_A N_D}(V_{bi} - v_D) \tag{7.16}$$

となる．この式を，縦軸に $1/C_d{}^2$ をとり，横軸に v_D をとって表すと，図 7.3 に示されるような直線となる．式 (7.16) からわかるように，その傾きは不純物密度に関係し，その直線と v_D 軸との交点はビルトインポテンシャル V_{bi} を与える．

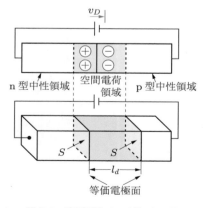

図 7.2　**空乏層とキャパシタンス**

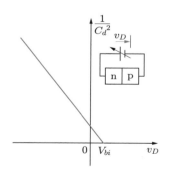

図 7.3　$1/C_d{}^2$ の**電圧依存性**

7.2 拡散容量

pn 接合に順方向電圧 v_D を加えた場合，6.3 節で述べたように，電子は n 領域から p 領域へ，正孔は p 領域から n 領域へ注入され，それぞれの領域で拡散しながら再結合する．その結果，図 7.4 (a) のような分布となる．加える電圧 v_D が V から $V + dV$ に増加すると，p 領域へ注入された電子は図のように増加する．つまり，電圧が dV だけ増すと，p 領域へ注入された電子による電荷が dQ_n だけ増加する．そこで，次式のようなキャパシタンスが存在することになる．

$$C_{Dp} = \frac{dQ_n}{dV} = \frac{dQ_n}{dv_D} \tag{7.17}$$

p 領域へ拡散してきた電子は，そこでの正孔と再結合するまでの時間，つまり寿命時間 τ_n 程度は存在し続ける．電子電流 I_n が流れていると，そこでの電荷は

$$Q_n = I_n \tau_n \tag{7.18}$$

となる．ここで，I_n は式 (6.17) の J_n を用いて，

$$I_n = J_n(0)S = q\frac{D_n}{L_n}n_{p0}\left\{\exp\left(\frac{qv_D}{kT}\right) - 1\right\}S \tag{7.19}$$

で与えられる．この式を式 (7.18) に代入し，その結果を式 (7.17) に代入して，計算すると，次式のように求められる．

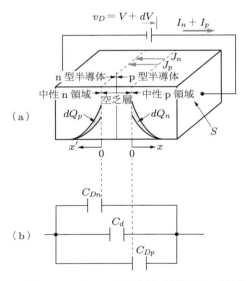

図 7.4 (a) 中性領域へ拡散してきたキャリヤ電荷量の外部電圧による変化，(b) ダイオード接合容量の等価回路

$$C_{Dp} \cong \frac{q}{kT} I_n \tau_n \tag{7.20}$$

ただし，$v_D \gg kT/q$ という仮定をおいた．つまり，十分な大きさのダイオード順方向電流 I_n が流れているとした．このキャパシタンスを**拡散容量**（diffusion capacitance）とよぶ．

　一方，n 領域においても拡散してきた正孔により，電荷の増分が生じ，上と同様なキャパシタンスが存在する．正孔の寿命時間を τ_p とすると，n 領域での拡散容量は，上と同様な過程で求めると次式のようになる．

$$C_{Dn} \cong \frac{q}{kT} I_p \tau_p \tag{7.21}$$

ただし，I_p は正孔電流である．この式をみてもわかるように，拡散容量 C_{Dp}，C_{Dn} は順方向電流が流れているときに生じる．

　ここで，ダイオードの容量をまとめてみると，図 (b) のような等価回路で表現できる．C_d は 7.1 節で述べた空乏層容量である．C_{Dn} は n 領域の拡散容量，C_{Dp} は p 領域の拡散容量である．順バイアス時には，図 (b) のように三つの容量が存在し，逆バイアス時には $C_{Dn} = C_{Dp} = 0$ であり，空乏層容量 C_d だけとなる．

演習問題

7.1　表 6.1 に示したパラメータをもつ pn 接合ダイオードに，逆方向に $-8\,\mathrm{V}$ を加えたときの空乏層容量 C_d の値はいくらになるか．

7.2　問題 7.1 における空乏層幅を式 (7.14) を用いて求めるといくらか．

7.3　問題 7.1 で求めた空乏層容量値から，ダイオードを平行平板キャパシタと考えて，空乏層幅 l_d を求め，問題 7.2 で求めた値と比較せよ．

7.4　Si-pn 接合ダイオードの空乏層容量を逆方向電圧を変えて測定したところ，$40\,\mathrm{pF}$ から $10\,\mathrm{pF}$ へと変化した．空乏層幅はいくら変わったか．ただし，接合面積を $8 \times 10^{-7}\,\mathrm{m^2}$ とする．

7.5　pn 接合ダイオードの不純物密度が $N_D \gg N_A$ であるとき，空乏層容量の式 (7.16) はどのような式に変わるか．

7.6　ある pn 接合ダイオードの C-V 特性を測定し，$1/C^2$-V プロットしたところ，問図 7.1 のようになった．$S = 10^{-7}\,\mathrm{m^2}$，$N_D \gg N_A$ である．このグラフを用いて，N_A の値を求めるといくらになるか．

7.7　表 6.1 に示したパラメータをもつダイオードの p 領域の拡散容量 C_{Dp} はいくらになるか．ただし，I_n は $10\,\mathrm{mA}$ 流れているとする．

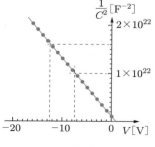

問図 7.1

バイポーラトランジスタ

トランジスタとよばれるものは何種類もあるが，大別すると図 8.1 となる．バイポーラトランジスタは 1947 年のショックレー，バーディーン，ブラッテンの点接触トランジスタの発明に端を発したものである．トランジスタは信号を増幅する機能をもつ．その増幅作用に電子と正孔という 2 種類のキャリヤが関与するので，**バイポーラトランジスタ** (bipolar transistor) と名づけられた[†1]．そのトランジスタの接合形式には，n 型半導体の両側を p 型半導体ではさんだサンドイッチ構造の pnp 型と，p 型半導体を n 型半導体ではさんだ npn 型がある．このバイポーラトランジスタはオペアンプ (operational amplifier の略) の構成素子として多用されている．また，第 14 章で述べる IGBT の構造の半分を構成している．一方，その増幅作用に電子か正孔のいずれか一方のキャリヤが関与するのが**ユニポーラトランジスタ** (unipolar transistor)[†2]で，その代表が第 10 章，第 11 章で述べる電界効果トランジスタである．

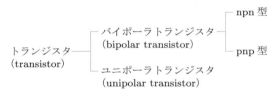

図 8.1　トランジスタの分類

8.1　バイポーラトランジスタの動作原理

図 8.2 (a) に示すような npn 型接合構造を考える．p 層をはさんで，左右に pn 接合が構成されている．これに，図のように左側の pn 接合には順バイアスとなるように電圧 V_{BE} を，右側の pn 接合には逆バイアスとなるように電圧 V_{CB} を加えたとしよう．このときのエネルギー帯図は，6.1 節，6.2 節のダイオードと同様に考えて，図 (b) のようになる．左側の pn 接合は順バイアスされているので，電位障壁は図のように

[†1]　増幅に電子と正孔という二つ (bi) のキャリヤの極性 (pole) が関与することに由来する．バイポーラジャンクショントランジスタ (bipolar junction transistor; BJT) ともいう．

[†2]　増幅に電子または正孔の一つ (uni) のキャリヤの極性が関与することに由来する．

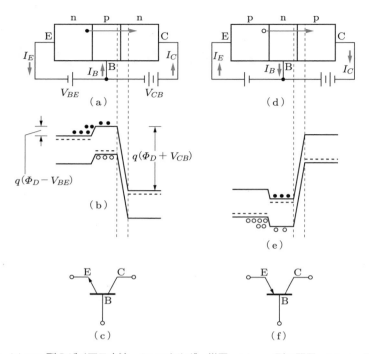

図 8.2　(a) npn 型のバイアス方法，(b) エネルギー帯図，(c) npn 型の記号，(d) pnp 型のバイアス方法，(e) エネルギー帯図，(f) pnp 型の記号

$q(\Phi_D - V_{BE})$ となり，Φ_D より V_{BE} だけ低い丘（電位障壁）となる．その際，ダイオードの順バイアス時と同じように，n 型中に多数存在している伝導電子のうち，p 層の丘の高さより高いエネルギーをもっているものが p 型中性領域に流れ込む．p 型中性領域を 10^{-6} m 程度に幅を狭くしておくと，流れ込んだ電子の大部分は再結合で消滅することなく拡散によってこの p 領域を通過し，右側の pn 接合の空間電荷層へ入る．ここでは，図 (b) に示すように，電子にとって急な下り坂であるので，そこを電子はすべり台をすべるように下り（ドリフト効果），右側の n 型中性領域に入る．この急なすべり台を生じさせているのは，逆バイアス電圧 V_{CB} である．左側の n 層は中央の p 層へ電子を放出するので，この層を**エミッタ**（emitter）とよび，図中に E で示す．中央の p 層を**ベース**（base）とよび，B で示す．ベースを通過してきた電子は右側の n 層で捕集されるので，その層を**コレクタ**（collector）とよび，C で示す．このように，電子はエミッタ側からコレクタ側に移動するので，電流はそれとは逆に流れる．この際，エミッタ-ベース間の電位障壁（丘の高さ）が電子にとって低くみえるように，エミッタの電子エネルギーを，バイアス電圧 V_{BE} を加えて qV_{BE} だけもち上

げておく．したがって，それに要するエネルギーは qV_{BE} である．一方，コレクタに到達した電子は，ベースからのエネルギー落差 $q(\Phi_D + V_{CB})$ をもらったことになる．したがって，エミッタからコレクタに電子を輸送する過程で

$$\frac{\text{出力から取り出せるエネルギー}}{\text{入力に使用したエネルギー}} \cong \frac{q(\Phi_D + V_{CB})}{qV_{BE}} > 1 \tag{8.1}$$

のようになり，出力では入力に要したエネルギーよりも大きなエネルギーが取り出せる†．図 (d)，(e) には pnp 型トランジスタの場合を示すが，上記の議論で電子を正孔に置き換えて考えれば同様である．

これらトランジスタの記号を，図 (c)，(f) に示す．矢印はエミッタに流す動作電流の向きを示す．

8.2 I_B による I_C の制御

n 型のエミッタから p 型のベースに放出された電子は，図 8.3 (a) のように，そのベース中の多数キャリヤの正孔に囲まれ，その電子の負電荷は遮へいされた中性状態となる．そして，その電子密度勾配によって生じる拡散で右側に流れていく．その際，たとえば，図 (b) のように，エミッタからベースへ放出された 100 個の電子のうち 99 個がコレクタに到達したとすると，残り 1 個はどこに消えたのだろうか．それは電子が周りの正孔と再結合して消滅してしまったことを意味している．そして，この再結合した正孔を補給するようにベースのリード線から 1 個の正孔が（実際は電子がベースからリード線へ入る）元の状態を保つように流れ込む．これがベース電流 I_B となる．

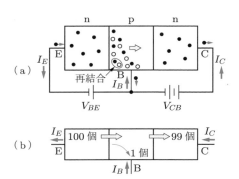

図 8.3 (a) トランジスタ内のキャリヤの輸送，(b) キャリヤの個数関係

---

† たとえば，変圧器などを用いても，電圧を大きくすることはできるが，逆に電流が減少してしまい，それらの積からなる出力電力は入力電力と同じか，鉄損，銅損を考えればむしろ小さくなり，出力から取り出されるエネルギーは大きくならない．

I_C が 99 個からなるのに比較して，I_B は 1 個の正孔からなるので，I_B は I_C よりだいぶ小さいこともわかるであろう．もし，I_B を減少させたとすると，ベースの正孔の補給が減少するため，ベースが負に帯電し，エミッタ－ベース間の電位障壁 $q(\varPhi_D - V_{BE})$ が大きくなり，エミッタからベースへの電子の放出が減少する．したがって，コレクタに到達する電子が減少し，I_C が減少する．このように，I_B で I_C の大きさを制御できる．これがこのトランジスタの動作の大変重要なところである．ベース層で電子と正孔とが共存し，かつ再結合した分を補給するということがこのトランジスタの増幅作用の本質ともいえるので，バイポーラトランジスタとよばれる．

8.3 電流増幅率

図 8.4 中の@に示すように，エミッタからベースへ 100 個の電子が放出され，そのうち 99 個はコレクタへ到達し，残り 1 個はベース層で再結合し，補給電流つまりベース電流を構成する．次に，上の 100 個に加えて，さらに 100 個の電子が図中ⓑのように放出されると，電子は上記と同様に分配される．このとき，具体的にいえば，ベースで再結合する電子は 2 個，コレクタに到達する電子は 198 個になる．見方を変えると，ベースで再結合する電子が 1 個から 2 個に増えると，コレクタに到達する電子は 99 個から 198 個に増える．電流は電子の個数に比例するので，（コレクタ電流の変化分 dI_C）／（ベース電流の変化分 dI_B）$= (198 - 99)/(2 - 1) = 99$ となる．これを**電流増幅率**（current amplification factor）とよぶ．この関係を一般的な定義で示せば，次のようになる．

$$電流増幅率 \ h_{fe} = \frac{dI_C}{dI_B} \tag{8.2}$$

なお，厳密には h_{fe} という記号は，トランジスタの出力端を短絡（コレクタ－エミッタ間を短絡）したときの電流増幅率のことを意味する．しかし，バイポーラトランジスタの場合は，出力端の条件によって，この電流増幅率の大きさはあまり変わらない

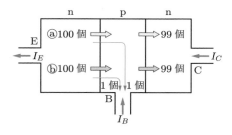

図8.4 キャリヤの個数関係を用いた増幅率の説明図

ので†，本書では区別せずに使うことにする．

　この増幅率は，電流の変化分すなわち交流電流が何倍に増幅されるかを示している．これに対して，定常的な電流が何倍に増幅されるか，すなわち**直流の電流増幅率**を β で表すと，次式のようになる．

$$\text{電流増幅率} \ \beta = \frac{I_C}{I_B} \tag{8.3}$$

　この値は上の例では 99 となる．代表的な β の値は 100 程度である．また h_{fe} もそれに近い値であり，トランジスタは，直流電流，交流電流の双方に対して大きな電流増幅率をもっていることがわかる．

8.4 電流増幅率の決定因子

　トランジスタの応用上，電流増幅率を大きくすることが望まれる．そこで，電流増幅率を決める因子について考えてみよう．エミッタからベースへ 1000 個の電子が放出され，999 個（つまり 99.9%）の電子がコレクタに到達したとする．ベースで再結合した電子は 1 個であるから，$\beta = 999/1$ となり，非常に大きな電流増幅率となる．このように，β を大きくするには，ベース層に注入された電子とそこに存在する正孔との再結合を少なくし，電子がコレクタへ到達する率を高める必要がある．そのためには，ベース層の厚み W を小さくし，ベース層を横切る時間 t_B を短くする必要がある．図 8.5 (a) に，左側のエミッタからベース層へ放出された電子の空間密度分布を示す．$W \ll L_n$ の条件，すなわちベース層の厚み W が電子の拡散距離 L_n より十分小さい場合には，式 (6.11) の解として，電子密度の空間分布は図 (a) のように直線で近似できる．したがって，この密度勾配 dn_B/dx による拡散電流密度 J_n は，次のよう

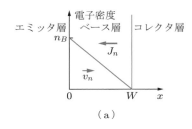
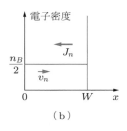

図 8.5 (a) ベースを通過するキャリヤの密度分布，
(b) ベース中の平均化したキャリヤ密度分布

---

† 負荷抵抗を変えてもコレクタ電流は大きく変化しない．つまり，バイポーラトランジスタは定電流動作に近い動作をする．ベース−コレクタ間が逆バイアスされ，空乏層が生成されているので，その内部抵抗が高いからである．

に求められる.

$$J_n = -qD_n \left(\frac{dn_B}{dx} \right) = -qD_n \left(-\frac{n_B}{W} \right) = -qn_B \left(-\frac{D_n}{W} \right) \tag{8.4}$$

　次に,拡散によるベース層内での電子の移動速度を求めてみよう.いまの場合,dn_B/dx はベース層内で一定であるから,拡散電流 J_n はベース層内で一定である.したがって,図 (a) に示す三角形状の電子密度を一様にならして,図 (b) に示すようなベース層内で密度 $n_B/2$ をもつ電子が速度 v_n で動いているとして電流密度 J_n を求めることができる.すなわち,

$$J_n = -q\frac{n_B}{2}(-v_n) = -qn_B \left(-\frac{v_n}{2} \right) \tag{8.5}$$

となる.式 (8.4) と式 (8.5) を比較すると,ベース層をキャリヤが拡散する速度をドリフト速度に変換した速度 v_n は,次のようになる.

$$v_n = \frac{2D_n}{W} \tag{8.6}$$

したがって,電子がベース層を横切る時間 t_B は次のようになる.

$$t_B = \frac{W}{v_n} = \frac{W^2}{2D_n} \tag{8.7}$$

ベース層を動く電子の電荷量の大きさを Q_B とすると,Q_B が t_B 間にベース層を横切るのであるから,コレクタ電流の大きさ I_C は次のように表せる.

$$I_C = \frac{Q_B}{t_B} \tag{8.8}$$

一方,ベース層内へ放出されてきた電子と再結合して消滅する正孔を補給するための電流として I_B が流れるわけだから,この層内での電子の寿命時間を τ_{nB}（電子が正孔と再結合するまでの時間）とすれば,I_B は次のように表せる.

$$I_B = \frac{Q_B}{\tau_{nB}} \tag{8.9}$$

β を与える式 (8.3) に,式 (8.8),(8.9) を代入し,さらに,$L_n = \sqrt{D_n \tau_{nB}}$ の関係と式 (8.7) を代入すれば,

$$\beta = \frac{I_C}{I_B} = \frac{\tau_{nB}}{t_B} = \frac{2L_n{}^2}{W^2} \tag{8.10}$$

となる.したがって,β を大きくするには,右辺第2式から,ベースへ放出された電子がベース層で再結合しないでコレクタに到達するように,電子の寿命時間 τ_{nB} を大きくし,ベース層を短時間で通過できるようにベース走行時間 t_B を小さくする必要があることがわかる.これを距離の観点からみれば,右辺第3式から,拡散距離 L_n を長くし,ベース層厚み W を薄くする必要があることがわかる.

8.5　接地形式と増幅利得

バイポーラトランジスタを回路に適用したときの増幅利得について考えてみよう．

8.5.1　エミッタ接地（common emitter）

図 8.6 (a) の回路で，トランジスタの左側が入力側，右側が出力側である．エミッタ端子が入力側と出力側のいずれに対しても基準となるように接地されているので，エミッタ接地という．入力電流はベース端子からベース電流 i_B として流入し，出力電流はコレクタ端子からコレクタ電流 i_C として取り出す．入力電流の中の直流分 I_B は，β 倍されて I_C として，また，交流分 i_b は h_{fe} 倍されて i_c として取り出される．$\beta \cong h_{fe}$（100 程度）であり，**電流増幅利得**は高い．出力電圧は R_C の両端の電圧として取り出されるが，増幅されて取り出される I_C が大きいので，**電圧増幅利得**も高い．さらに，電圧と電流の積である**電力増幅利得**も高い．したがって，この接地形式は増幅器に多用される．

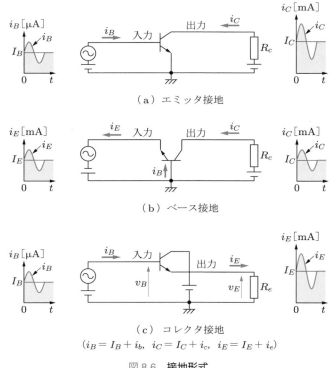

（a）エミッタ接地

（b）ベース接地

（c）コレクタ接地

$(i_B = I_B + i_b, \ i_C = I_C + i_c, \ i_E = I_E + i_e)$

図 8.6　接地形式

8.5.2　ベース接地（common base）

図 (b) のように，ベースが入力側と出力側の基準となるように接地されている．エミッタ端子から電流 i_E を入力し，コレクタ端子から出力電流 i_C を取り出す．入力電流の直流分 I_E は，$\beta/(1+\beta) = \alpha$ 倍されて出力電流の直流分 I_C となり，交流分 i_e は，$h_{fe}/(1+h_{fe})$ 倍されて i_c となる．$\beta/(1+\beta)$, $h_{fe}/(1+h_{fe})$ は 1 に近いが 1 より小さい．したがって，この接地形式では電流増幅利得は 1 以下となる．電圧増幅利得の方は，大きな値をもつ R_C を i_C が流れるので，1 以上の大きな値をもつ．電力増幅利得は電流増幅利得が小さい分，エミッタ接地における程は大きくとれない．

8.5.3　コレクタ接地（common collector）

図 (c) のように，コレクタ端子が入力側と出力側の基準となるように接地されている．入力信号電流 i_B がベース端子から流入し，エミッタ端子から出力電流 i_E が取り出される．エミッタ電流は，キルヒホッフの第 1 法則から $i_E = i_C + i_B$ である．したがって，その直流分 $I_E = (\beta+1)I_B$，交流分 $i_e = (h_{fe}+1)i_b$ となる．$\beta \cong h_{fe} \cong 100$ なので，エミッタ接地同様，電流増幅利得は高い．しかし，交流出力電圧 $v_e \cong v_b$ であり，電圧増幅利得は約 1 である．電力増幅利得は電圧増幅利得が小さい分，エミッタ接地における程は大きくとれない．この接地形式では，出力電圧が入力のベース電圧とほぼ同電圧でかつ同相である．すなわち出力が入力に従うので，別名**エミッタホロワ**（emitter follower）とよばれる．

  8.6 **特性と実際動作**

8.6.1　実際構造

トランジスタの実際構造の断面図を図 8.7 に示す．図 (a) はパッケージに一つのトランジスタが入れられて用いられる個別（ディスクリート；discrete）**プレーナ型トランジスタ**の例である．npn の各層が EBC と順に並んでいる．各 pn 接合が表面で大気に触れるところは，SiO_2 膜で覆われている．いわゆるプレーナ技術が採用されている．図 (b) は集積回路用のトランジスタ構造の例である．上側の面だけで電極の配線ができるようになっている．コレクタ層を流れる電流の抵抗を小さくするために，n^+ 層（n^+ は n より不純物密度が高いことを表す記号）の埋込層がある．電流はその低抵抗層を流れる．左右に p 層があり，それとコレクタの n 層との間の pn 接合を図のように逆バイアスし，隣りのトランジスタと電気的に絶縁する．これを**素子分離**（isolation）という．

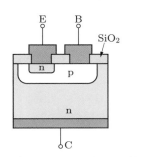

（a）ディスクリートプレーナ型
　　トランジスタ

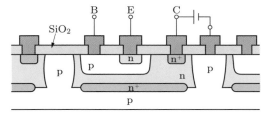

（b）LSI 用プレーナ型トランジスタ

図 8.7　トランジスタの実際構造

8.6.2　スイッチング

　トランジスタは，その増幅機能を除けば pn 接合ダイオードの接続からなると考えることができる．その場合には，図 8.8 (a) は図 (b) のようなダイオード回路で書くことができよう．V_{BB} を高めていき，v_{BE} が 0.7 V（Si 製トランジスタの場合）を超えると，図 (c) の特性に示すように，B-E 間に電流が流れる（0.7 V 近似モデル）．このとき，V_{BB} から供給されたベース電流 i_B が流れる．すると，$i_C = \beta i_B$ が流れる．すなわち，コレクタとエミッタが導通（ON）状態となる．$v_{BE} \leq 0.7\,\mathrm{V}$ なら，$i_B = 0$ であり，$i_C = 0$ となり，トランジスタは OFF となる．このように，トランジスタのスイッチ作用を利用したディジタル IC の一つの例が TTL（transistor transistor logic）である．TTL はディジタル電子回路に多用されている．ベース–エミッタ間に 0.7 V 以

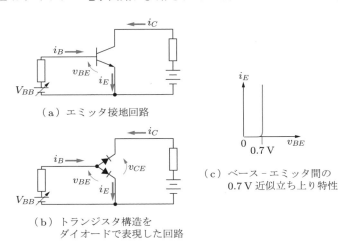

（a）エミッタ接地回路

（b）トランジスタ構造を
　　ダイオードで表現した回路

（c）ベース–エミッタ間の
　　0.7 V 近似立ち上り特性

図 8.8　トランジスタのスイッチング

上が加えられ，トランジスタが ON のとき，コレクタ-エミッタ間電圧 v_{CE} は 0.2 V 程度になる．このとき，ベース-コレクタ間電圧 v_{BC} は 0.7 − 0.2 = 0.5 V となる．すると，ベース-コレクタのダイオードが順バイアスされるので，ベースから正孔がコレクタへ，コレクタから電子がベースへ注入される．0.7 V を取り去り，OFF にしたとき，この電子，正孔が残留し，**少数キャリヤの蓄積**が生じる．このため，バイアスを OFF にしてからトランジスタが OFF 状態になるまでに，遅延が生じる．これをなくすために，第9章で述べる立ち上り電圧が 0.3 V と低いショットキーバリヤダイオードをトランジスタのベース-コレクタ間に並列に組み入れた構造の LS-TTL 論理回路素子が，ディジタル回路に使用されている（第9章の演習問題 9.6 を参照）．

8.6.3 静特性

図 8.9 (a) のような測定回路で，i_B が 10 µA 流れるように R_b を調整して，その値を保ったまま可変電圧電源 V_{CC} を調節し，v_{CE} を変えて，v_{CE} と i_C の関係を測定する．同様に $i_B = 20, 30, 40$ µA に対しても測定すると，図 (b) のようになる．$v_{CE} = 2$ V のとき，入力電流 $i_B = 10$ µA で出力電流 $i_C = 1$ mA なので，式 (8.3) から $\beta = i_C/i_B = 100$ となる．また，i_B が 10 µA から 20 µA に変化したとすると，i_C は 1 mA から 2 mA に変化する．したがって，式 (8.2) から $h_{fe} = di_C/di_B = 100$ となる．いま，仮に $v_{CE} = 2$ V のときに，β，h_{fe} を求めたが，v_{CE} が v_{CEsat} 以上では，$i_C = \beta i_B$（$\beta = 100$ で一定），そして $di_C = h_{fe} di_B$（$h_{fe} = 100$ で一定）の関係が成立している．したがって，この領域は信号増幅に利用され，**活性領域**とよばれる．一方，v_{CEsat} 以下の領域では，i_B を増加しても i_C は増加せず，**飽和領域**とよばれる[†]．この v_{CEsat} の点では，最大の電流が流れていて，しかも v_{CE} は低い．トランジスタのスイッチ動作で考えれば，完全に

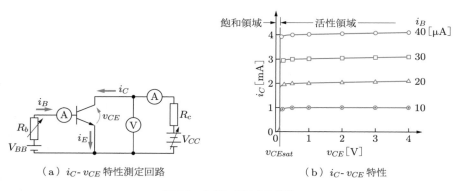

（a）i_C-v_{CE} 特性測定回路 　　　　（b）i_C-v_{CE} 特性

図 8.9 　トランジスタの特性

[†] FET などと異なり，バイポーラトランジスタにおいてのみ飽和領域をこのようによんでいる．

ON 状態に対応している.

　表 8.1 に，バイポーラトランジスタのデバイスパラメータの一例を示す.

表 8.1　Si 製 npn バイポーラトランジスタのデバイスパラメータの一例

パラメータ	エミッタ	ベース	コレクタ
長さ	3×10^{-6} m	10^{-6} m	2.99×10^{-4} m
不純物密度	$N_E = 10^{26}$ m^{-3}	$N_B = 10^{23}$ m^{-3}	$N_C = 10^{22}$ m^{-3}
少数キャリヤの寿命	$\tau_{pE} = 10^{-9}$ s	$\tau_{nB} = 10^{-8}$ s	—
少数キャリヤの拡散係数	$D_{pE} = 10^{-3}$ m^2/s	$D_{nB} = 5 \times 10^{-3}$ m^2/s	—
多数キャリヤの移動度	$\mu_{pE} = 10^{-2}$ m^2/V·s	—	—
真性キャリヤ密度	$n_i = 1.5 \times 10^{16}$ m^{-3}		
接合面積	$S = 10^{-7}$ m^2		
デバイス温度	$T = 300$ K		
比誘電率	$\varepsilon_r = 11.9$		

演習問題

8.1　問図 8.1 のトランジスタを正常動作させるには，バイアス電源をどのようにつなげばよいか，図中に描き入れよ.

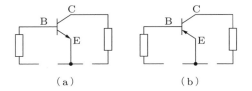

問図 8.1

8.2　ベース電流を変えると，コレクタ電流が変わる. そのメカニズムを説明せよ.

8.3　トランジスタは，問図 8.2 に示すように 2 本の pn 接合ダイオードの接続で構成（ここでは npn 型）できるようにみえる. これで正常なトランジスタの動作をするか.

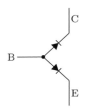

問図 8.2

8.4　ベース層での電子の拡散距離 L_n が 7×10^{-6} m のトランジスタがある. このトランジスタの電流増幅率は $\beta = 100$ である. これらの値からベース層の幅 W はいくらと推定できるか.

8.5　1 μm の厚みをもつベース層を電子が横切るのに要する時間はいくらか．ただし，$D_n = 5 \times 10^{-3}\,\mathrm{m^2/s}$ とする．

8.6　Si 製トランジスタはベース–エミッタ間の電圧が何 V になったら，導通状態になるか（0.7 V 近似で考えることにする）．

第9章　金属−半導体接触

　半導体デバイスを作るうえで半導体と金属を接触させた構造が必要になる．たとえば，半導体と金属配線の間には必ず金属−半導体接触がある．この場合，金属−半導体接触の界面では，半導体中の電流を阻害することなく配線に流れるようにする必要がある．このことは，電流を流すことによって生じる界面での電圧降下が，無視できる程度に小さいといい換えることができる．このような性質をもつ金属−半導体接触をオーミック接触とよぶ．

　一方，適当な金属を選んで半導体と接触させると，pn 接合と同様に，境界面付近の半導体に空乏層を形成することができ，整流作用をもたせることができる．ここでは，整流性接触の発現機構を学ぶとともに，整流性接触，オーミック接触を作るための材料選択の基礎知識を習得する．

9.1　ショットキー障壁

　n 型半導体と p 型半導体を接合すると，ダイオードやトランジスタで非常に重要な動作を受けもつ pn 接合ができた．ここでは，半導体に金属を接触させるとどうなるかを考えてみよう．図 9.1 に金属と半導体のエネルギー帯図を示す．**真空準位**[†] E_s とフェルミ準位 E_f とのエネルギー差を**仕事関数**（work function）$q\Phi$ という．たとえば，図に示すように，真空中に置いた金属に光を照射して，金属中のエネルギー E_{fM}

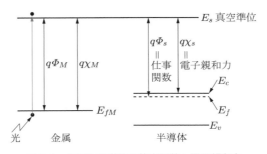

図 9.1　金属と半導体の仕事関数と電子親和力

[†]　真空準位とは，真空中で静止している電子のエネルギーを表すもので，仮想的な準位である．

にある電子を真空中に飛び出させたとする．このとき，電子は光から金属の仕事関数 $q\Phi_M$ と等しいエネルギーを受け取ると，真空準位に飛び上がることになる．Φ_M は金属固有の値をもち，材料によって変化する．半導体では，フェルミ準位が混入不純物の種類とその密度で変わるので，仕事関数 $q\Phi_s$ もそれによって変わる．

伝導帯の端と真空準位とのエネルギー差 $q\chi_s$ は**電子親和力**（electron affinity）とよばれる．この値は半導体の仕事関数のように不純物によって変わらず，材料固有の定数である．

金属と n 型半導体を接触した場合を考える．ただし，ここの例では $\Phi_M > \Phi_s$ とする．半導体の自由電子は伝導帯にあり，E_{fM} より高いエネルギー準位にいるので，より低い金属側へ移動する．この移動は金属と半導体のフェルミ準位が一致するまで続き，エネルギー帯図は図 9.2 のようになる．半導体の表面付近で電子がなくなり空乏層が生じ，正の空間電荷からなる空間電荷層が生成されて**接触電位差**（contact potential）Φ_D またはビルトインポテンシャル V_{bi} が生じる．エネルギー帯がこのようになると，半導体の伝導帯に存在する電子が金属側に移るには，$q\Phi_D$ なるエネルギー障壁を越えねばならない．この障壁は，

$$q\Phi_D \left(= qV_{bi} \right) = q\Phi_M - q\Phi_s \tag{9.1}$$

の関係で与えられる．一方，金属中の電子が半導体側に移るには，$q\Phi_B$ なる障壁を越えねばならない．この $q\Phi_B$ は**ショットキー障壁高さ**（Schottky barrier height）とよばれ，次のような関係で与えられる．

$$q\Phi_B = q\Phi_M - q\chi_s = q\Phi_D + (E_c - E_f) \tag{9.2}$$

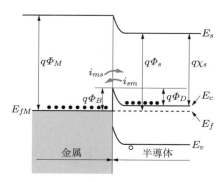

図 9.2　**金属と半導体を接触させたときのエネルギー帯図**

9.2 ショットキーバリヤダイオード

　金属中にある電子の中で，$q\Phi_B$ 以上のエネルギーに熱的に励起された電子は，$q\Phi_B$ の障壁を越えて，図 9.2 に示したように半導体側に流れ込む．それによる電流 i_{sm} は，熱電子放出理論に基づき，$\exp(-q\Phi_B/kT)$ に比例し，接触面積を S とすると，

$$i_{sm} = I_{sm}\exp\left(-\frac{q\Phi_B}{kT}\right) = A^*T^2 S\exp\left(-\frac{q\Phi_B}{kT}\right) \tag{9.3}$$

と表される．A^* は実効リチャードソン定数である[†]．ここで，電流の向きは電子の動く向きとは反対であることに注意すべきである．一方，半導体中に存在する電子の中で，$q\Phi_D$ 以上のエネルギーに熱的に励起された電子は，図 9.2 に示したように，$q\Phi_D$ の障壁を越えて金属側に流れ込む．それによる電流 i_{ms} は，熱電子放出と同じ機構の $\exp(-q\Phi_D/kT)$ に比例すると表せる．ここで，伝導帯中の電子密度は，式 (4.5) により $\exp\{-(E_c - E_f)/kT\}$ に比例する．したがって，i_{ms} は

$$i_{ms} = I_{ms}\exp\left(-\frac{q\Phi_D}{kT}\right)\exp\left(-\frac{E_c - E_f}{kT}\right) = I_{ms}\exp\left(-\frac{q\Phi_B}{kT}\right) \tag{9.4}$$

と表される．外部から電圧をかけない熱平衡状態では，正味の電流は流れないので，$i_{sm} = i_{ms}$ である．つまり，$I_{sm} = I_{ms}$ の関係がある．

　次に，図 9.3 に示すように，金属に対して半導体が負となるように電圧 v（順バイアス）を加えると，$q\Phi_B$ は不変で，半導体のフェルミ準位が qv だけ上がり，半導体側の障壁は $q\Phi_D - qv$ に減少する．したがって，半導体側から金属側に電子が流れやすくなる．逆に，半導体が正となるように電圧 $-v$（逆バイアス）を加えると，半導体のフェルミ準位が qv だけ下がり，半導体側の障壁は $q\Phi_D - q(-v)$ と増加し，半導体側から金属側に電子は流れにくくなる．電子が半導体側から金属側へ動くことによって流れる電流は，式 (9.4) の $I_{ms}\exp(-q\Phi_D/kT)$ の Φ_D を $\Phi_D - v$ に置き換えた式で表される．そのときの正味の電流 i は，$I_{sm} = I_{ms}$ を考慮に入れて，

$$i = I_{ms}\exp\left\{-\frac{q(\Phi_B - v)}{kT}\right\} - I_{sm}\exp\left(-\frac{q\Phi_B}{kT}\right)$$
$$= I_{sm}\exp\left(-\frac{q\Phi_B}{kT}\right)\left\{\exp\left(\frac{qv}{kT}\right) - 1\right\} \tag{9.5}$$

となる．

[†] $A^* = 4\pi q m_n k^2/h^3$ で与えられ，n-Si で $1.10 \times 10^6\,\mathrm{A/m^2\cdot K^2}$，n-GaAs で $8 \times 10^4\,\mathrm{A/m^2\cdot K^2}$，と知られている．

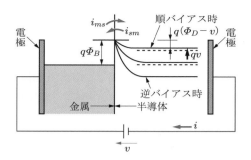

図 9.3　バイアス印加時のエネルギー帯の変化

ここで，最初の exp 項を含む項を I_0 とおくと，

$$i = I_0 \left\{ \exp\left(\frac{qv}{kT}\right) - 1 \right\} \tag{9.6}$$

となる．これは，この種の金属−半導体接触の I-V 特性が前出の pn 接合ダイオードと類似の特性となることを意味する．

　このダイオードを**ショットキーバリヤダイオード**（Schottky barrier diode; SBD）とよぶ．図 9.4 に，通常の Si-pn 接合ダイオードと，金属として Al，半導体として n-Si を用いたショットキーバリヤダイオードの I-V 特性例を並べて示す．また，この回路記号を図 9.5 に示す．この特性のように，pn 接合以外に金属−半導体接触でダイオードが得られることは注目すべきである．さらに，上で述べたように，ダイオード電流は多数キャリヤのみで構成されるので，pn 接合で生じる少数キャリヤの蓄積現象が生じない．そのため，ショットキーバリヤダイオードは高速動作が可能である．表面酸化膜を作りにくい半導体，たとえば GaAs と金属との接触でも，半導体内部に空乏層を生成できるので，次章で述べる MESFET に応用されている．

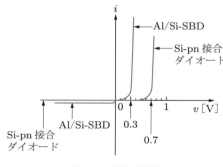

図 9.4　SBD の特性

図 9.5　SBD の回路記号

(9.3) オーミック接触

　前節では，金属と半導体の仕事関数†の関係が$q\Phi_M > q\Phi_s$なる場合を考えてきた．本節では，図9.6 (a) のように，$q\Phi_M < q\Phi_s$の場合について考えてみよう．これらを接触させると，図 (b) のようなエネルギー帯図となる．電子にとっては，半導体側からみても，金属側からみても，大きな障壁は存在しない．したがって，図 (c) のように，外部から順バイアス電圧を加えると，加えた電圧分だけ半導体端のエネルギーが高まり，n型半導体中の電子は伝導帯の坂を下って金属に入り，外部電流 i が流れる．このとき，i-v特性は図9.7中のaのようになる．一方，逆バイアス時には，図9.6 (d) のように半導体端のエネルギーが v だけ低くなる．金属と半導体の接触部には，図に示すように電子に対する障壁がほとんどないので，金属中の電子は容易に半導体に移ることができ，これにより外部に電流が流れる．この場合の i-v特性は，図9.7中のbのようになる．全体の電流 – 電圧特性は図のように直線関係になり，ダイオード特性とはならない．このような特性を**オーミック特性**といい，そのような特性の得られる金属 – 半導体接触を**オーミック接触**（ohmic contact）という．p型半導体と金属の接

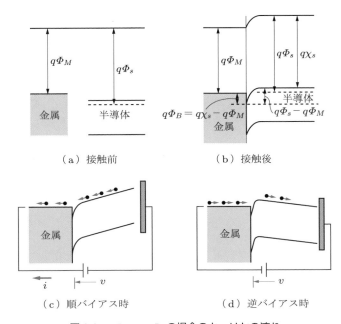

（a）接触前　　　　　　　　（b）接触後

（c）順バイアス時　　　　　　（d）逆バイアス時

図9.6　$q\Phi_M < q\Phi_s$の場合のキャリヤの流れ

$\dagger$　金属の仕事関数として，Au (4.96 eV)，Al (4.25 eV)，W (4.55 eV)，Pt (5.65 eV) が，そして，半導体の電子親和力として Si (4.05 eV)，GaAs (4.07 eV) が報告されている．

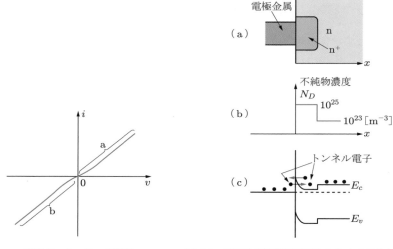

図9.7　**オーミック特性**　　　図9.8　**表面を高不純物密度としたときのトンネル電子**

触では，$q\Phi_M > q\Phi_s$ の関係があれば，上と同様な現象が半導体から金属方向に向かう
正孔に対して生じ，やはりオーミック接触が得られる．

　しかし，接触しただけでは，図9.7のaとbが一直線にならない場合もある．そこ
で，図9.8 (a) に示すようにして，金属が接触する半導体の表面層の不純物密度を図 (b)
のように 10^{25} m^{-3} と高く（つまり n$^+$ に）する．すると，障壁の幅が極端に薄くなり，
キャリヤが障壁を越えなくても，図 (c) のように，**トンネル効果**によってキャリヤは
双方向に同程度通過できるので，電流−電圧特性が全体にわたって直線となった特性
が得られる．このオーミック接触は，ダイオード，トランジスタ，IC の電極形成に必
ず使われている．いずれにしろ，良好なオーミック性を得る技術を確立することは重
要なことである．

演習問題

9.1　n 型 Si と p 型 Si のそれぞれに同一金属を接触させた．ショットキー障壁高さはどちら
　　が大きいか．

9.2　$N_D = 10^{22}$ m^{-3} の n-Si および n-GaAs の仕事関数はいくらか求めよ．電子親和力はそ
　　れぞれ 4.05 eV，4.07 eV とする．

9.3　$N_A = 10^{22}$ m^{-3} の p-Si および p-GaAs の仕事関数はいくらか求めよ．

9.4　問題 9.2，9.3 の材料に W（$q\Phi_M = 4.55$ eV）を接触させたとき，qV_{bi} と $q\Phi_B$ はいく
　　らか．

9.5　半導体と金属が原理的にオーミック接触となる条件を，n 型半導体，p 型半導体に分け
　　て示すとどうなるか．

9.6　図 9.4 に示した特性をもつ Si-pn 接合ダイオード（立ち上り電圧 0.7 V）と Al/Si-SBD
　　（立ち上り電圧 0.3 V）を，問図 9.1 のように並列に接続した回路に，i_D が流れるよう
　　にバイアスした．ダイオードに加わる電圧 v_D はおよそいくらか．

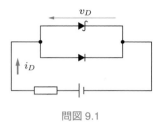

問図 9.1

MESFET

　電界効果トランジスタ（field effect transistor; FET）は，ユニポーラトランジスタ（unipolar transistor）の一種であり，図 10.1 のように位置づけられる．MESFET（metal-semiconductor FET）は，ショットキーバリヤ型 FET ともよばれ，第 9 章で述べた金属 – 半導体接触からなるショットキーバリヤ電極によって生じる空乏層の拡がりを利用して，半導体中のキャリヤの走行通路を狭めたり拡げたりしてキャリヤの流れを制御するトランジスタである．流れるキャリヤは電子または正孔のどちらかである．そのキャリヤが電子のときは n チャネル型，正孔のときは p チャネル型とよばれる．数 $100\,\mathrm{MHz}$〜数 $10\,\mathrm{GHz}$ の超高周波用には，電子移動度が高く，高速動作が可能な GaAs 半導体が用いられる．

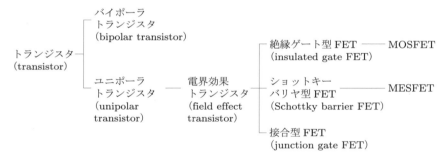

図 10.1　FET の位置づけ

(10.1)　MESFET の動作原理

　簡単なモデルを使い，MESFET の動作の概要を説明する．図 10.2 にその断面構造を示す．MESFET の構造は，半絶縁性半導体（半絶縁 GaAs）上の n 型半導体（n-GaAs），およびその上のショットキーバリヤ電極と，その左右のオーミック電極から構成される．中央のショットキーバリヤ電極は**ゲート**（gate; G）とよばれ，第 9 章で述べたように，金属と半導体の仕事関数差で生じたビルトインポテンシャル（V_{bi}）により半導体側に空乏層が拡がる（図 9.2 参照）．n-GaAs 層の両端に加えられた電圧 v_{DS} に

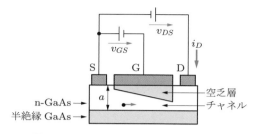

図 10.2　MESFET の簡単な構造モデル図

よって，その層中にある伝導電子が左側の**ソース**（source; S）電極から右側の**ドレー
ン**（drain; D）電極に向かって，ドリフト効果によって**チャネル**（channel, 通路を意
味し，空乏層と半絶縁 GaAs 層にはさまれた領域）を走行する．これによる電流がド
レーン電流 i_D である．

　次に，ゲート電極に負のバイアス電圧 v_{GS} を加える．すると，空乏層が $V_{bi} - v_{GS}$
（v_{GS} は第 9 章の v に対応）の増大に従ってさらに拡がり，電子が走行しているチャネ
ルが狭くなり，ドレーン電流が減少する．したがって，電圧 v_{GS} を信号に応じて変え
れば，ドレーン電流を変えることができる．簡単にいえば，空乏層の拡がりによる多
数キャリヤの導通路制御が基本原理といえる．

　この図で上から拡がる空乏層は，チャネルを流れる電子を水と考えれば，水の流れ
を制御する水門のような役目をしているようにみえるので，この金属–半導体接触を
ゲートとよぶ．金属–半導体ゲートでドレーン電流を制御するので，冒頭に記したよ
うに MESFET とよばれる．

　図の構造では n 層の電子が走行するので，n チャネル型である一方，p 層を用いる
と正孔が走行するので p チャネル型となる．入力信号はゲート電極に電圧として加え，
出力信号はドレーン電極からドレーン電流として取り出される．ゲートを逆バイアス
状態で使用すれば，第 9 章で述べた金属–半導体接触ダイオードは逆方向特性を示す
ことから，ゲート電流はほとんど流れない．つまり，入力電力は極端に少ない．それ
でいて，ドレーン電流が負荷に流れて出力電力を生じるので，大きな増幅が可能とな
る．電子の方が正孔より移動度が高いので，一般的には n チャネル MESFET が多用
される．MESFET の回路記号を図 10.3 に示す．また，金属–半導体接触の代わりに
pn 接合をゲートとして用い，逆バイアスすれば，上と同様な動作が得られる．これが，
図 10.1 に示した**接合型** FET である．

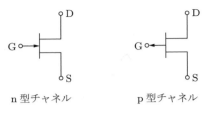

図 10.3　MESFET の回路記号

 動作特性と動作モード

10.2.1　動作特性

　図 10.4 に v_{DS} を変えたときの空乏層変化を，図 10.5 に MESFET の伝達特性（または入出力特性；i_D-v_{GS} 特性）と出力特性（i_D-v_{DS} 特性）を示す．金属 – 半導体接触ゲートの V_{bi} により，$v_{GS} = 0$ でもゲート直下で空乏層が拡がっている（図 10.4 (a)）．空乏層はドレーン側の端に近づくにつれて大きく拡がり，それにともなってチャネルが狭くなっている．これは，v_{DS} によりチャネルを流れる電流で生じる電位降下で，電位が S より D 側の方が高いため，つまり，ドレーン側に近い方がゲート電極金属

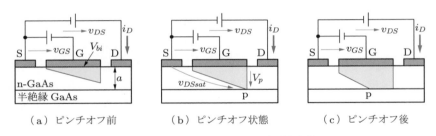

（a）ピンチオフ前　　　　　（b）ピンチオフ状態　　　　　（c）ピンチオフ後

図 10.4　v_{DS} を変えたときの空乏層変化

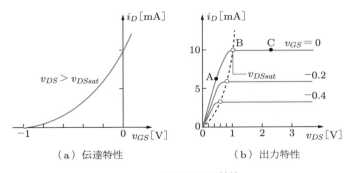

（a）伝達特性　　　　　　　　　　（b）出力特性

図 10.5　MESFET の特性

と半導体間の逆方向バイアスが大きいためである．このように，空乏層が下側の半絶縁 GaAs 層とは接触していないとき，図 10.5 (b) 中の点 A のようなドレーン電流が流れる．v_{DS} を高めると，空乏層が半絶縁 GaAs 層と接触する (図 10.4 (b))．この状態を**ピンチオフ**（pinch off）という．このとき，図 10.5 (b) 中の点 B のような飽和するドレーン電流となる．このときのドレーン電圧を**飽和ドレーン電圧** v_{DSsat}，そして電流を**飽和ドレーン電流** i_{Dsat} とよぶ．さらに v_{DS} を増加させると，空乏層と半絶縁層の接触部分が増加し，点 p はソース側に移動する (図 10.4 (c))．しかし，移動した点 p の電位（ソースから点 p までの電圧）は v_{DSsat} のままで増加しない．v_{DS} の増加分は空乏層の接触部分の増加分にしか寄与しないためである．したがって，電子の加速に寄与する電圧は v_{DSsat} で変化しない．そのため，v_{DS} を増加しても，図 10.5 (b) 中の点 C のように，ドレーン電流は i_{Dsat} で飽和したままで一定となる．

次に，v_{DS} を v_{DSsat} またはそれ以上に保ち，v_{GS} を変えてみる．$v_{GS} = 0$ のとき，図 10.5 (a) に示すような電流が流れている．v_{GS} を $-0.2\,\mathrm{V}$ と負に増大させると，図 10.5 (b) の白丸のように v_{DSsat} が $0.8\,\mathrm{V}$ に低下し，さらに v_{GS} を $-0.4\,\mathrm{V}$ と増大させると，v_{DSsat} は $0.6\,\mathrm{V}$ に下がり，ドレーン電流が減少する．さらに v_{GS} を $-1\,\mathrm{V}$ と増大させると，ついに i_D が流れなくなる．この電圧 v_{GS} を**ゲートピンチオフ電圧**とよぶ．これは，V_{bi} によりあらかじめ生成されていた空乏層が負の v_{GS} でより拡がるため，ピンチオフ状態はその分だけ小さい v_{DS} で得られるからである．図 10.4 (b) のピンチオフ状態，つまりドレーン端の空乏層が半絶縁層に接したときに空乏層のドレーン端にかかる電圧を**ピンチオフ電圧** V_p という．そのピンチオフ電圧を得るのに必要な電圧は，点 p とゲートの間の電位差 $v_{DSsat} - v_{GS}$ と内蔵電位 V_{bi} の和となり，次式で表せる．

$$V_p = v_{DSsat} + V_{bi} - v_{GS} \tag{10.1}$$

一方，V_p は，第 7 章の式 (7.11) で，$N_A \gg N_D$ とおいた式，すなわち pn 接合の n 側部分に生じる空乏層幅 l_n を，図 10.4 (a) 中の a と置き換えた次式で与えられる．

$$V_p = \frac{qN_D}{2\varepsilon} a^2 \tag{10.2}$$

これらの式での，V_p は n 層の厚み a やドーピング密度 N_D で決まり，V_{bi} はショットキー電極材料の仕事関数 $q\Phi_M$ と n 型半導体層の仕事関数 $q\Phi_s$ で決まる．したがって，式 (10.1) の V_p と V_{bi} は固定値であり，ピンチオフ時には，式 (10.1) を満たすように v_{GS} と v_{DSsat} がともに変化することがわかる．上で説明した特性は，式 (10.1) に従って，v_{DSsat} が v_{GS} の値で変わる様子を表している．この例では，$V_p - V_{bi} = 1\,\mathrm{V}$ であることになる．このように，v_{GS} が負，つまり逆バイアスのゲート電圧でドレーン電流を抑制する動作形態の FET を**デプレッションモード**（depletion mode）とよぶ．

　一方，V_{bi} だけで空乏層全面が半絶縁 GaAs 層に接触するように，n-GaAs 層の厚みをきわめて薄くした構造とすると，$v_{GS}=0$ でドレーン電流が流れないように作ることができる．この場合，順バイアスゲート電圧を加えるとドレーン電流が流れ始める．この動作形態の FET を**エンハンスメントモード**（enhancement mode）という．エンハンスメントモード FET は増幅デバイスとしても用いられるが，スイッチングデバイスに適している．

　次に，実際構造に近いモデルで，ドレーン電流 i_D が v_{GS}，v_{DS} にどのように依存するか，その関係式を求めてみる．MESFET の構造モデル図を図 10.6 (a) に示す．その構造は，半絶縁性 GaAs 基板上の n 型 GaAs 層，さらにその上のショットキーバリヤゲート電極，そしてその両端のソースとドレーン電極（オーミック接触）からなる．ゲート直下の yz 断面での熱平衡状態のエネルギーバンド図は，9.1 節を参照し，$qV_{bi}\,(=q\varPhi_D)$ が生じた図 (b) のように描ける．金属と n-GaAs の接触を pn 接合と考えると，n-GaAs が n に対応している．V_{bi} が逆バイアスの役目をしており，空乏層が半導体側に拡がり，金属中には電界は侵入できず，空乏層は生じない．7.1 節での pn 接合における式の誘導過程における n 領域側だけの式を，そのまま用いることができる．図 (c) はゲート直下の電界分布を模式的に表したものであるが，この分布は空乏層拡がりも表している．x 軸上のある点での空乏層幅を $Y(x)$ とすると，式 (7.11) で $N_A \gg N_D$，$v_D = v_{GS}$ とおき，さらにその点でのチャネルの電位 v_x を考慮して，

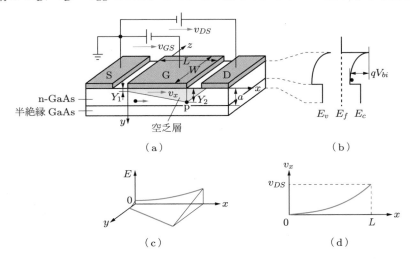

（a）

（b）

（c）

（d）

図 10.6　(a) MESFET 構造モデル (b) エネルギーバンド図（ゲート下 yz 面）
　　　　(c) 電界分布 (d) 電位分布

$$Y(x) = \left\{ \frac{2\varepsilon}{qN_D}(V_{bi} - v_{GS} + v_x) \right\}^{1/2} \tag{10.3}$$

となる．ここで，N_D は n-GaAs のドナー密度であり，ε は GaAs の誘電率である．v_x は，i_D が n-GaAs 中を流れることにより，$x = 0$ における電位 $v_x(0) = 0$ から $x = L$ における電位 $v_x(L) = v_{DS}$ まで変化する．電位分布は，図 (d) のようになる．

10.2.2 デプレッションモード動作

デプレッションモード動作は，次節で述べるエンハンスメントモード動作より，入出力特性（v_{GS}-i_D 特性）がより直線に近い．それゆえ，このモードで動作させた MESFET は増幅器に多用される．図 10.6 (a) 中に示した点 p の空乏層が半絶縁層に接触していないとき（$Y_2 < a$），つまりチャネルが開いているとき，i_D は第 5 章の式 (5.3) で断面積 S を $W(a - Y(x))$ に替え，ドレーンからソースに向かう電界が $E(x) = -dv_x/dx$ で表されることを考慮すると，

$$i_D = qN_D\mu_n \frac{dv_x}{dx} W(a - Y(x)) \tag{10.4}$$

と得られる．この式の dv_x/dx を式 (10.3) から求めると，

$$\frac{dv_x}{dx} = \frac{qN_D}{\varepsilon} Y(x) \frac{dY(x)}{dx} \tag{10.5}$$

となる．これを式 (10.4) に代入し，ソース端 $(x = 0)$ からドレーン端 $(x = L)$ までのチャネル全体にわたって積分すると，

$$\int_0^L i_D \, dx = \frac{q^2 N_D{}^2 \mu_n}{\varepsilon} W \int_{Y(0)=Y_1}^{Y(L)=Y_2} (a - Y(x)) Y(x) \, dY(x) \tag{10.6}$$

$$i_D = \frac{q^2 N_D{}^2 \mu_n W a^3}{2\varepsilon L} \left\{ \frac{Y_2{}^2 - Y_1{}^2}{a^2} - \frac{2(Y_2{}^3 - Y_1{}^3)}{3a^3} \right\} \tag{10.7}$$

となる．ソース端の空乏幅層 Y_1 は，式 (10.3) で $v_x(x=0) = 0$ とおいて，

$$Y_1 = \left\{ \frac{2\varepsilon}{qN_D}(V_{bi} - v_{GS}) \right\}^{1/2} \tag{10.8}$$

となる．また，Y_2 は，$x = L$ で $v_x(x=L) = v_{DS}$ なので，

$$Y_2 = \left\{ \frac{2\varepsilon}{qN_D}(V_{bi} - v_{GS} + v_{DS}) \right\}^{1/2} \tag{10.9}$$

となる．空乏層が拡がり，図 10.6 (a) に示した点 p が前述の半絶縁 GaAs に接触するようになる．つまり，$Y_2 = a$ となるとき，式 (10.9) から，

$$\frac{qN_D a^2}{2\varepsilon} = V_{bi} - v_{GS} + v_{DS} \tag{10.10}$$

の関係が求められる．式 (10.2) より，式 (10.10) の左辺は V_p であることから，$v_{DS} =$

v_{DSsat} とおいた前述したピンチオフ時の式 (10.1) が得られることがわかる．式 (10.8) の Y_1，式 (10.9) の Y_2 を式 (10.7) に代入して整理すると，i_D は

$$i_D = \frac{q^2 N_D{}^2 \mu_n W a^3}{2\varepsilon L}$$

$$\times \left\{ \frac{v_{DS}}{V_p} - \frac{2}{3}\left(\frac{V_{bi} - v_{GS} + v_{DS}}{V_p}\right)^{3/2} + \frac{2}{3}\left(\frac{V_{bi} - v_{GS}}{V_p}\right)^{3/2} \right\} \quad (10.11)$$

と表せる．この式で，v_{DS} が小さく $v_{DS} \ll |V_{bi} - v_{GS}|$ となる条件では，右辺 { } 内の第2項と第3項が相殺され，i_D は

$$i_D \cong \frac{q^2 N_D{}^2 \mu_n W a^3}{2\varepsilon L} \frac{v_{DS}}{V_p} \quad (10.12)$$

となり，v_{DS} に比例することがわかる．これが，図 10.5 (b) の原点付近に示すように，i_D が v_{DS} に対して直線的に増加する様子を表す．v_{DS} が増加すると，前述したように i_D は飽和し，それ以降は v_{DS} に依存せず一定となる．この状態での飽和電流 i_{Dsat} はピンチオフ状態（点）の電流であり，ピンチオフ状態では $V_p = V_{bi} - v_{GS} + v_{DS}$ の関係があるので，これを式 (10.11) に代入すると，

$$i_{Dsat} = \frac{q^2 N_D{}^2 \mu_n W a^3}{2\varepsilon L} \left\{ \frac{1}{3} - \frac{V_{bi} - v_{GS}}{V_p} + \frac{2}{3}\left(\frac{V_{bi} - v_{GS}}{V_p}\right)^{3/2} \right\} \quad (10.13)$$

と表せる．この式から，i_{Dsat} は v_{DS} に依存せず，v_{GS} のみに依存することがわかる．図 10.5 (b) で i_D が i_{Dsat} で飽和し，一定となる特性領域を**飽和領域**という．その領域では，v_{GS} として入力信号を加えれば，それに応じて i_{Dsat} が変化する．それゆえ，この飽和領域の特性が増幅器に多用されている．その増幅の度合いを表す**伝達コンダクタンス**（transconductance）g_m は，$g_m = di_{Dsat}/dv_{GS}$ なる関係から求めると，

$$g_m = \frac{di_{Dsat}}{dv_{GS}} = \frac{q N_D \mu_n W a}{L} \left\{ 1 - \left(\frac{V_{bi} - v_{GS}}{V_p}\right)^{1/2} \right\} \quad (10.14)$$

となる．この式から，v_{GS} が負電圧から 0 V に近づくにつれて，g_m が増加することがわかる．これは，図 10.5 において，図 (a) の特性が 0 V に近づくにつれて傾きが急になること，また，図 (b) で，飽和電流が，v_{GS} が 0 に近づく（図の上方へいく）に従って，その特性の間隔が広くなっていくことに対応している．

10.3 エンハンスメントモード動作

デプレッションモード動作では，$v_{GS} = 0$ で大きな i_D が流れ，負の v_{GS} を加えてチャネルを狭め，電流を減少させた．前述したように，あらかじめ V_{bi} だけでチャネルを閉じて $i_D = 0$ の状態にしておき，その V_{bi} を相殺するように正の v_{GS} 電圧を加え

てチャネルを開ければ，v_{GS} の増加とともに i_D が増加するはずである．これがエンハンスメントモード動作である．正の v_{GS} を加えて，i_D が流れ出す電圧条件として，

$$V_{th} = V_{bi} - V_p \geq 0 \tag{10.15}$$

が必要である．ここで，V_{th} を**しきい値電圧**（threshold voltage）という．i_{Dsat} の式 (10.13) の V_{bi} を条件式 (10.15) の V_{bi} で置き換えると，

$$i_{Dsat} = \frac{q^2 N_D{}^2 \mu_n W a^3}{2\varepsilon L}\left\{\frac{1}{3} - \left(1 - \frac{v_{GS} - V_{th}}{V_p}\right) + \frac{2}{3}\left(1 - \frac{v_{GS} - V_{th}}{V_p}\right)^{3/2}\right\} \tag{10.16}$$

が得られる．さらに，しきい値電圧近辺での飽和領域での i_{Dsat} は，$(v_{GS} - V_{th})/V_p \ll 1$ の条件を式 (10.13) に適用し，テーラー展開† した後，2 次の項までとると，

$$i_{Dsat} \cong \frac{\mu_n \varepsilon W}{2aL}(v_{GS} - V_{th})^2 \tag{10.17}$$

と近似できる．この式は第 11 章で述べる MOSFET の 2 乗則と類似しており，その入出力特性と出力特性は，第 11 章で説明する図 11.9 のカーブに類似したものとなる．また，式 (10.16) または式 (10.17) で $v_{GS} = V_{th}$ とすると，$i_{Dsat} = 0$ となる．これから，i_D が流れ出すためには，$v_{GS} > V_{th}$，つまり v_{GS} が V_{th} を超える必要がある．ここで，v_{GS} は 0.5 V 以下に制限される．伝達コンダクタンス g_m を前述と同様に求めると，

$$g_m = \frac{di_{Dsat}}{dv_{GS}} = \frac{\mu_n \varepsilon W}{aL}(v_{GS} - V_{th}) \tag{10.18}$$

となる．この動作モードは，$v_{GS} = 0$ の入力で $i_D = 0$，$v_{GS} > V_{th}$ の入力で i_D が流れる．したがって，このモードは 0 V と数 V を繰り返す方形波パルスを入力とするスイッチング動作，つまりディジタル動作への応用に適している．$v_{GS} = 0$ のとき電流が流れないから，無駄な電力を消費せず，高効率動作となる．さらに，ここまで述べてきた GaAs-MESFET では，電子の飽和速度が $2 \times 10^5\,\mathrm{m/s}$ と Si の 2 倍程度大きく，高速動作が可能である．また，MESFET は，そのチャネルを走るキャリヤがその半導体層の伝導型と同じ**多数キャリヤデバイス**である．したがって，このデバイスは発熱してもチャネルのキャリヤ密度はほとんど変わらず，熱暴走を起こさない．これは，発熱でベース中の少数キャリヤ密度が大きく変化し，熱暴走を起こす可能性をもつ**少数キャリヤデバイス**のバイポーラトランジスタと大きく異なる．この特長を活かして，GaAs-MESFET は UHF サテライト局や衛星放送の電力増幅器，携帯電話や通信用マイクロ波電力増幅器として広く用いられている．さらに，これを超高速低雑音

---

† $(1+x)^n \cong 1 + nx + \dfrac{n(n-1)}{2!}x^2$

動作用に発展させた高電子移動度トランジスタ（high electron mobility transistor; HEMT）は，BS や CS 衛星放送の受信用増幅器として広く用いられている．

演習問題

10.1 Au/n-GaAs ショットキーバリヤゲートで構成された MESFET がある．Au の仕事関数は 4.96 eV，n-GaAs の電子親和力が 4.07 eV，ドナー密度 N_D が 1.8×10^{17} cm^{-3}，n-GaAs 層の厚みが 0.2 μm である．次の問いに答えよ．

 (1) V_{bi} はいくらか．

 (2) V_{bi} だけ（$v_{GS} = 0$, $v_{DS} = 0$）による空乏層厚みはいくらか．

 (3) ピンチオフ電圧 V_p はいくらか．

 (4) $v_{GS} = 0$ で空乏層厚み Y_2 が半絶縁層に接触するのに必要な v_{DS} はいくらか．

 (5) $v_{GS} = 0$ のときの飽和ドレーン電流はいくらか．ただし，$W = 10$ μm，$L = 1$ μm，$\mu_n = 0.80$ m^2/V·s とする．

 (6) (4) で得られた v_{DS} を保持したまま，$v_{GS} = -0.5$ V にしたときのドレーン電流はいくらか．

10.2 MESFET は多数キャリヤデバイス，バイポーラトランジスタ（BJT）は少数キャリヤデバイスといわれる．次の問いに答えよ．

 (1) 多数，少数というデバイス名の由来はどこにあるか．

 (2) 多数キャリヤデバイスは少数キャリヤデバイスに比べて，温度上昇に強いといわれる．それはなぜか．

MISFET

FET（電界効果トランジスタ）の一つに**ショットキーバリヤ型** FET があることを第 10 章で述べた．それ以外に現在の電子機器に多用されている**絶縁ゲート型** FET があり，図 11.1 にこのトランジスタの位置づけを示す．ショットキーバリヤ型 FET のゲート構造は，金属−半導体接触で構成される．絶縁ゲート型 FET のゲート構造は，金属−絶縁物−半導体（metal insulator semiconductor; **MIS**）の 3 層の積層から構成される．代表的な MISFET として，その絶縁（insulator）層を酸化シリコンの SiO_2（silicon dioxide）層や HfO_2（hafnium dioxide）などの酸化絶縁物で構成したものを，とくに **MOSFET**（metal oxide semiconductor FET）という．

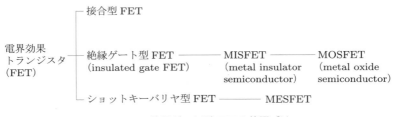

図 11.1　絶縁ゲート型 FET の位置づけ

11.1　MIS 構造ゲートの動作

金属（metal），絶縁物（insulator），半導体（semiconductor）をこの順に接触させた図 11.2 のようなゲートの構造を MIS 構造という．この金属をゲート（gate）電極とよぶ．図 11.3 (a) は，この三つを接触したときのエネルギー帯図を示している．この図では，半導体は p 型とし，金属の仕事関数 $q\Phi_M$ と p 型半導体のそれとは等しいと仮定し，絶縁物のフェルミ準位は禁制帯の中央にあると仮定した．以下に，MIS 構

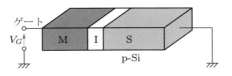

図 11.2　MIS 構造

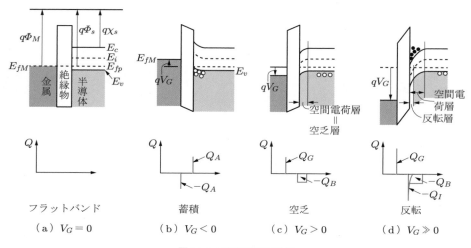

図 11.3　MIS 構造の動作

造ゲートの動作を説明する.

(1)　蓄積 ($V_G < 0$)

　図 (b) のように，ゲート電極に負の電圧（$V_G < 0$）を加えると，静電誘導作用により，p 型半導体中の正孔が半導体表面（絶縁物と接触している半導体の表面）に図のように引き寄せられる．その結果，エネルギー帯は表面付近で上方へ曲がり，E_v は E_{fp} に近づき，ちょうど p 型不純物を多量に混入した p^+ 半導体のようになる．これを正孔が表面に蓄積（accumulate）したといい，また，この状態を**蓄積**（accumulation）とよぶ.

(2)　空乏 ($V_G > 0$)

　図 (c) のように，ゲート電極に正の電圧（$V_G > 0$）を加えると，静電誘導作用により，表面付近の正孔は表面から遠ざけられ，掃き出されて，そこに空乏層が生じる．そのため，そこには負のアクセプタイオンによる空間電荷層が生じる．この状態を**空乏**（depletion）とよぶ.

(3)　反転 ($V_G \gg 0$)

　(2) の場合より，さらに V_G を正に大きくすると，空間電荷層の生成に加えて，静電誘導作用により，少数キャリヤの電子が半導体表面に引き寄せられ，図 (d) のように表面に電子密度の高い層が生成される．図に示すように，エネルギー帯は表面付近で曲がり，もともと E_v のすぐ上にあった E_{fp} が，表面では E_c のすぐ下にきている．このことは，p 型半導体の表面が n 型半導体と等価な状態であることを示している．p 型半

導体の表面層がn型半導体になっているので，この層を**反転層**（inversion layer）といい，このような状態を**反転**（inversion）という．

11.2 反転状態の解析

　蓄積状態は，ゲート金属と半導体表面のキャリヤ蓄積層とにはさまれた絶縁物から構成されたMOSキャパシタとして，応用されている．反転状態はMOSFETの導通の役目を果たすことから，増幅，スイッチング動作に応用されている．ここでは，反転状態の解析をしてみよう．

　図11.4 (a) に示すようなp型Siで構成したMIS構造のゲートに，大きな正のゲート電圧 V_G を加えて反転状態を作る．このときの，エネルギー帯，電荷分布，電位分布のそれぞれを図 (b)，(c)，(d) に示す．図 (b) で，半導体表面のエネルギー帯の曲がり度合を**表面電位**（surface potential）ϕ_s で表す（帯が下方に曲がる場合の ϕ_s を

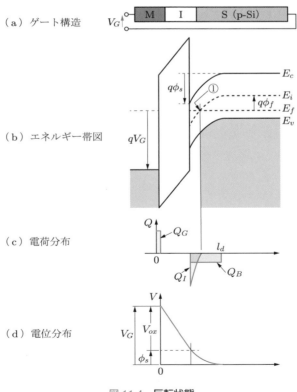

図 11.4　反転状態

正にとる).

　熱平衡でのキャリヤ密度は第 4 章の式 (4.15), (4.16) で与えられており, 再び書くと次式となる.

$$n = n_i \exp\left(\frac{E_f - E_i}{kT}\right) \tag{11.1}$$

$$p = n_i \exp\left(-\frac{E_f - E_i}{kT}\right) \tag{11.2}$$

　図 (b) で, p 型半導体中の表面から深く入ったバルク中での $E_i - E_f$ を, 図のように $q\phi_f$ とする. この場所では, $E_f < E_i$ であるから, 式 (11.1), (11.2) から, $p > n$ となり, 当然 p 型である. 一方, 表面では, 図に示すように, E_f は E_i より上にくる. $E_f > E_i$ となるので, 式 (11.1), (11.2) から, $n > p$ となり, 表面では n 型半導体となっている. つまり, 伝導型が反転している. 表面での E_f が E_i より $q\phi_f$ だけ上にあるとき, 表面の電子密度 n とバルク中での正孔密度 p が等しくなる. これを**強い反転**という. このとき, ϕ_s でみると,

$$\phi_s = 2\phi_f \tag{11.3}$$

となっている.

　図 (c) のように, それぞれ単位面積あたりのゲート金属上の電荷を Q_G, 半導体表面の反転キャリヤの電荷を Q_I, 半導体表面付近に生じた空間電荷を Q_B とする. また, 表面全体の電荷を Q_s で表すことにする. ゲートから出た電気力線は, 表面の電荷に終端しているので,

$$Q_G = -Q_s = -Q_I - Q_B \tag{11.4}$$

と表せる. 半導体表面に誘起される電荷の表面電位 ϕ_s 依存性を図 11.5 に示す. エネルギー帯が曲がり, ϕ_s が増すと, ゲート金属からの電気力線は半導体中の空間電荷 (p 型半導体の場合はアクセプタイオン) に終端し, 図のように $|Q_B|$ が増加する. ϕ_s を高くしていき, それが $2\phi_f$ になると, ゲート金属からの電気力線がすべて $|Q_B|$ に終端する. それ以上に増加した電気力線は反転キャリヤ電荷 $|Q_I|$ を誘起して終端する

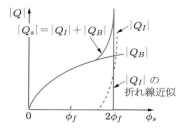

図 11.5　表面電荷の ϕ_s 依存性

ようになるので，表面での反転キャリヤが図の破線のように急激に増加することにな
る．実際には，$\phi_s < 2\phi_f$ でも反転電子が誘起され始めるが，ϕ_s が $2\phi_f$ を超えると，急
に反転電荷が生成するとした図の折れ線近似で考えることができる．また，表面から
の電位は図 11.4 (d) のようになる．SiO_2 の絶縁膜部分で V_{ox} の電位降下が生じ，半導
体中では ϕ_s の電位降下がある．したがって，

$$V_G = V_{ox} + \phi_s \tag{11.5}$$

と書ける．ここで，絶縁膜の単位面積あたりの静電容量 C_{ox} は $C_{ox} = \varepsilon_{ox}/t_{ox}$ （ε_{ox}:
絶縁膜の誘電率，t_{ox}: 絶縁膜の厚み）なので，これを用いて．V_{ox} を表し，V_G を書き
換えると，

$$V_G = \frac{Q_G}{C_{ox}} + \phi_s = \frac{-Q_s}{C_{ox}} + \phi_s \tag{11.6}$$

となる．

　前述の強い反転が生じようとすると，ゲート電圧は式 (11.3) の関係および折れ線近
似で考えるとすれば，$Q_I \cong 0$ とおけるので，

$$V_G = V_{th} = -\frac{Q_B}{C_{ox}} + 2\phi_f \tag{11.7}$$

となる．この電圧 V_{th} を超えると反転電荷が急激に増加するので，これを**しきい値電圧**
（threshold voltage）とよぶ．式 (11.7) に $Q_B = -qN_Al_d$ と式 (7.14) で $N_D \gg N_A$ と
みなし，$V_{bi} - v_D = \phi_s$ とおいた式または後述する式 (11.21) からの $l_d = \sqrt{2\varepsilon\phi_s/qN_A}$
を代入し，$\phi_s = 2\phi_f$ の条件を考え合わせると，

$$V_{th} = \frac{\sqrt{4\varepsilon qN_A\phi_f}}{C_{ox}} + 2\phi_f \tag{11.8}$$

となる．式 (11.6) の Q_s，式 (11.7) の Q_B を，式 (11.4) に代入して，Q_I を求めると，

$$Q_I = -C_{ox}(V_G - V_{th}) \tag{11.9}$$

を得る．この反転電荷 Q_I のゲート電圧 V_G 依存性は，図 11.6 のようになる．$V_G \le V_{th}$
までは反転電荷 $Q_I = 0$ であり，$V_G > V_{th}$ では，式 (11.9) と近似できる．

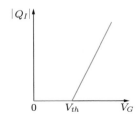

図 11.6　**反転電荷 $|Q_I|$ のゲート電圧 V_G 依存性**

11.3 MISFET の動作原理と特性

11.3.1 動作原理

　図 11.7 に MISFET の構造模式図を示す．前節までに述べてきた MIS 構造と異なる点は，図に示すように，MIS 構造の両端にドナーを混入し，n⁺ 層を形成した点である．その層の一方を**ソース**（source; S），もう一方を**ドレーン**（drain; D）とよぶ．また，MIS 構造を形成している部分を**ゲート**（gate; G）とよぶ．その D と S 間に，図のように電圧 v_{DS} を加える．一方，ゲートには電圧 v_{GS} をゲートが正となるように加える．これにより，ゲート電極の下の p 型半導体表面には電子密度の高い反転層ができる．この状態では，ソース領域が n⁺，ドレーン領域が n⁺，それらの間の領域が反転層により等価的な n または n⁺ 層となることにより，ソースとドレーンとの間は n 層でつながる．したがって，電子はソースを出発し，ゲート下の反転層の n 層を通過してドレーンに到達し，外部にドレーン電流 i_D を流す．ゲート下の n 層は電流の通路となるので，**チャネル**（channel）とよび，この場合は反転層が n 型層なので**nチャネル**とよぶ．半導体が n 型で反転層が p 型層のときは**pチャネル**とよぶ．この場合，S，D 領域は p⁺ とする．ゲート電圧 v_{GS} を高くすると，多数の電子が表面に誘起され，ドレーン電流 i_D が増加する．したがって，信号に応じたゲート電圧の大小によって，ドレーン電流を制御できる．また，ゲート電極部には絶縁物が入っているので，直流のゲート電流は流れない．したがって，小さな入力電力でドレーン出力に生じる電力を制御できるので，増幅が可能になる．このように，この素子の動作原理は，ゲート電圧の電界効果によるゲート下の多数キャリヤ量の制御に基づく．つまり，これも電界効果トランジスタ（FET）の一つである．MESFET と異なり，ゲートに絶縁物が入っている．つまり**絶縁ゲート**（insulated gate）なので，この素子を**絶縁ゲート型FET**とよぶ．

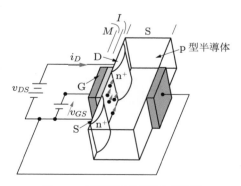

図 11.7　MISFET の構造モデル図

11.3.2 動作特性

　図 11.7 を上からみた断面図を模式的に描いたのが図 11.8 である．各図とも，V_{th} を超えた v_{GS} がゲートに加えられ，反転層ができ，電子からなる n チャネルが生成されている様子を示している．このときの入出力特性 (i_D-v_{GS}) と出力特性 (i_D-v_{DS}) を，図 11.9 に示す．ドレーン電圧 v_{DS} を増加していくと，ドレーン電流 i_D が，図 11.9 (b) のように，それぞれ ⓐ 増加する領域（線形領域），ⓑ 飽和に達する点（ピンチオフ点），ⓒ 飽和して一定な領域（飽和領域）を示す．このとき，v_{DS} により，ドレーンと基板間が逆バイアスされている．したがって，図 11.8 に示した図中の破線のように空乏層が生じる．図 11.8 (a)～(b) の間では，v_{DS} の増加にともないチャネル中の電子を加速する電界が大きくなるため，i_D が図 11.9 (b) 中の ⓐ に示すように増加していく．図 11.8 (b) のようにドレーン側端が空乏化すると，i_D が図 11.9 (b) 中の ⓑ に示すように飽和点に達する．この点の電圧を MESFET の場合と同様に，飽和電圧 v_{DSsat} という．さらに，v_{DS} を高めると，図 11.8 (c) のように，空乏層がさらに拡がり，点 p がソース側に移動する．このとき，図 11.9 (b) の ⓒ に示すように，電流は増加せず飽和して一定を保つ．これは，MESFET と同様に，v_{DSsat} 以上に v_{DS} を高めても，チャ

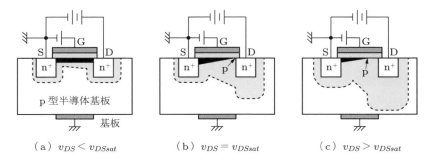

（a）$v_{DS} < v_{DSsat}$　　　（b）$v_{DS} = v_{DSsat}$　　　（c）$v_{DS} > v_{DSsat}$

図 11.8　チャネル生成と空乏層の生成

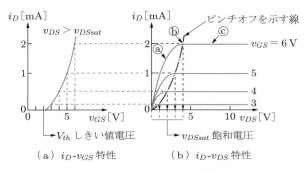

（a）i_D-v_{GS} 特性　　　　（b）i_D-v_{DS} 特性

図 11.9　MISFET の特性

ネル内に拡がった空乏層がその分だけ長くなるだけで，チャネルにかかる電圧は増加しないからである．

次に，v_{GS} を変化させたときの i_D の変化をみてみよう．この際，v_{DS} は十分高く（$v_{DS} > v_{DSsat}$）保ってあるとする．図 11.9 (a) のように，v_{GS} を低下させると表面に引き寄せられる電子が減少し，i_D は小さくなる．そして，電流が 0 になる電圧が前述の**しきい値電圧** V_{th} である．いい換えれば，この FET は V_{th} を超えたゲート電圧を加えて，FET を ON にする一種のスイッチであるともいえる．

v_{GS} はチャネルを生成しようとし，v_{DS} はドレーン端からそのチャネルを空乏化しようとする．極端にいえば，チャネルの生成を妨げる作用をしているとみることもできる．したがって，チャネルのドレーン側端が空乏化し始める電圧，すなわちピンチオフ電圧 V_p は，v_{GS} が大きければ大きくなるはずである．この様子を図 11.9 (b) の一点鎖線で示す．このことから，v_{DSsat} と v_{GS} とは直線関係がありそうである．$v_{GS} = V_{th}$ のときには，$v_{DSsat} = 0$ だから，第 1 次近似としては，v_{DSsat} は

$$v_{DSsat} = v_{GS} - V_{th} \tag{11.10}$$

と表せる．図 11.9 に示すように，たとえば，v_{GS} が 3，4，5，6 V と変わると，v_{DSsat} は $V_{th} = 2\,\mathrm{V}$ なので，1，2，3，4 V と変わり，上式が成立していることを表している．

11.4 MOSFET の実際構造と特性

11.4.1 実際構造

図 11.1 でも示したように，MISFET の代表は MOSFET である．n チャネル MOSFET の実際構造例を，図 11.10 に示す．

この MOSFET の作製法を簡単に説明する．高温に保たれた Si 基板を酸素雰囲気

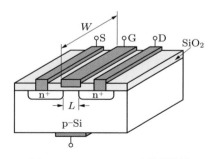

図 11.10 MOSFET の実際構造例

中に置くと，その表面は酸化され（熱酸化という），酸化膜（SiO$_2$ 膜）ができる[†]．次に，ソースとドレーン電極をつけるべきところの SiO$_2$ 膜に穴をあけ，その穴を通してドナーを下地の p-Si に混入し，n$^+$ 層を作製する．最後に，ソース，ゲート，ドレーン，基板裏面の各電極をつけて FET は完成する．

11.4.2　エンハンスメント型とデプレッション型

n チャネル MOSFET を考えた場合，図 11.11 (a) に示すように，$V_{th} > 0$ である FET を**エンハンスメント型**（enhancement mode）という．ゲート電圧 $v_{GS} = 0$ のときには，i_D は流れていない．この型式は**ノーマリオフ**（normally off）**型**ともいわれる．

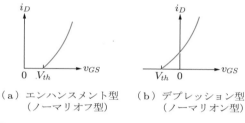

（a）エンハンスメント型　（b）デプレッション型
　　（ノーマリオフ型）　　　（ノーマリオン型）

図 11.11　エンハンスメント型とデプレション型の特性

$v_{GS} = 0$ でドレーン電流を流すようにすることも可能である．n チャネル FET の場合，チャネルとなる領域にあらかじめドナーをドープして n 型に変えておけば，ゲートに正電圧をかけなくても，n チャネルは生成でき，$v_{GS} = 0$ でも，ドレーン電流を流すことができる．この型式は**ノーマリオン**（normally on）**型**といわれ，このような技術を**チャネルドープ**（channel dope）とよぶ．さらに，この場合には，図 (b) のように，負の v_{GS} を加えて電流を抑制した特性をもたせることができる．これを**デプレッション型**（depletion mode）という．

11.4.3　回路記号

MOSFET の回路記号は，国際的に統一されていないのでいくつか種類がある．いろいろな FET の回路記号と特性などを，表 11.1 にまとめて示す．ここでは，よく用いられている回路記号を取り上げて示す．図 11.12 (a) はエンハンスメント型に対する記号である．前述のように，ゲート電圧が 0 V ではチャネルは生成されておらず，

[†]　Si 結晶の表面から O$_2$ が侵入し，Si の酸化物（SiO$_2$）が Si 結晶の表面下（内側）にできる．したがって，酸化膜というより，酸化層とよぶ方が正しいイメージがわきやすい．しかし，従来，酸化膜とよんでいる場合が多いので，本書でもそれに従った．

表 11.1　いろいろな FET の特性

種類	モード	チャネル	記号	チャネル	伝達特性 相互特性	出力特性	回路	構造
接合型 F E T	デプレッション	n		ドープ型チャネル	i_D / 0 / v_{GS}	i_D / v_{GS} 0 / 0 / v_{DS}		n p⁺ / p⁺
接合型 F E T	デプレッション	p		ドープ型チャネル		+ / 0		p n⁺ / n⁺
絶縁ゲート型 F E T	デプレッション	n		ドープ型チャネル + 反転型チャネル		+ / 0		n n / p
絶縁ゲート型 F E T	デプレッション	p		ドープ型チャネル + 反転型チャネル		+ / 0 / −		p p / n
絶縁ゲート型 F E T	エンハンスメント	n		反転型チャネル	V_{th}	+ / − / V_{th}		n n / p
絶縁ゲート型 F E T	エンハンスメント	p		反転型チャネル	V_{th}	V_{th}		p p / n
ショットキーバリヤ型 F E T	エンハンスメント	n			V_{th}	+ / − / V_{th}		S G D / n
ショットキーバリヤ型 F E T	デプレッション	n				+ / 0		S G D / n

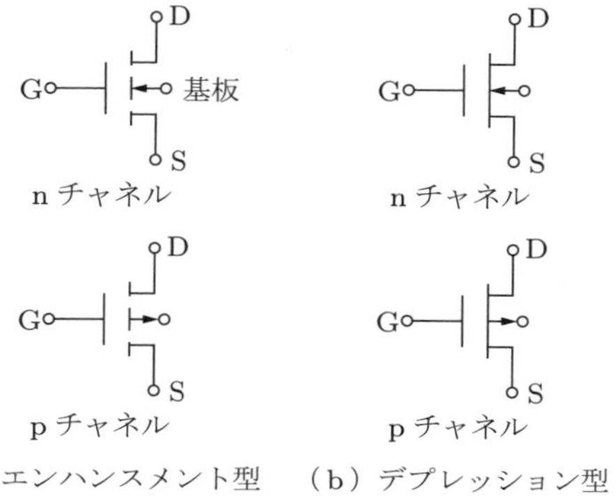

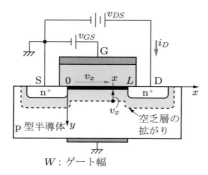

（ａ）エンハンスメント型　（ｂ）デプレッション型

図 11.12　回路記号

ソースとドレーン間は絶縁されているので，チャネル記号が破線で示されている．一方，図 (b) はデプレッション型に対する回路記号である．このデプレッション型では，v_{GS} が 0 V でもチャネルは生成されているので，チャネル部の記号が実線で示されている．また，n，p 型の違いは，基板とゲート間の矢印の向きで示している．

11.4.4　特性解析

11.3.2 項で述べたように，MOSFET の i_D-v_{DS} 特性は図 11.9 (b) のように，i_D の飽和点ⓑを境にして，i_D が v_{DS} とともに増加していく線形領域ⓐと，飽和してしまう飽和領域ⓒとに分けることができる．

(1)　線形領域

図 11.13 のゲート表面下で，v_{DS} によって生じた x 方向電界は表面に誘起された電子を加速し，ドレーン電流を流す．v_{GS} によって生じた y 方向電界は，電子を表面に誘

図 11.13　MOSFET の特性解析用の図

起し，反転層による n チャネルを生成する．いま，v_{DS} によって，チャネル中のソースから距離 x のところに電位 v_x が生じているとする．基板がソースとつながっているので，基板とチャネル間にも v_x が加わっていることになる．p 型基板に対して，n チャネルが正となる方向に v_x は加わるので，この v_x は空乏層を拡げ，その結果チャネルを狭めるようなはたらきをしている．すなわち，この v_x は y 方向電界を v_{GS} とは逆向きに作っていると考えることができるので，v_{DS} が加わっているときには，v_{GS} は $v_{GS} - v_x$ として作用する．

したがって，反転チャネルに誘起されるキャリヤ Q_I は，式 (11.9) から，

$$Q_I = -C_{ox}(v_{GS} - v_x - V_{th}) \tag{11.11}$$

となる．一方，チャネル電流 i_D は，

$$i_D = Q_I \mu_n E_x W \tag{11.12}$$

と表せる．ここで，W は奥行き方向のチャネル幅である．また，$E_x = -dv_x/dx$ であることを考慮して，式 (11.11) を式 (11.12) に代入すると，次式を得る．

$$i_D \, dx = \mu_n C_{ox} W (v_{GS} - v_x - V_{th}) \, dv_x \tag{11.13}$$

この左辺を $x = 0$ から L（チャネル長）まで，右辺を $v_x = 0$ から v_{DS} まで積分すると，

$$i_D = \mu_n C_{ox} \frac{W}{L} \left\{ (v_{GS} - V_{th})v_{DS} - \frac{1}{2}v_{DS}{}^2 \right\} \tag{11.14}$$

と i_D が求められる．この式から，v_{DS} が小さい領域では，i_D は v_{DS} に比例して増加する，つまり線形特性を示すことがわかる．

(2) 飽和領域

v_{DS} を増加していくと，上記のように，チャネルの周りの空乏層がドレーン端で拡がり，$v_x = v_{DS}$ でドレーン端の反転チャネルがなくなる．これ以上 v_{DS} を増加しても，その増加分はチャネル内の増加には寄与せず，電流が飽和する．この条件は，$v_x = v_{DS}$ のドレーン端で $Q_I = 0$ である．この条件を式 (11.11) に代入すると，

$$v_{DS} = v_{GS} - V_{th} \tag{11.15}$$

となる．この電圧は飽和電圧，すなわち，ピンチオフ状態の電圧であり，式 (11.10) を求めたことになる．式 (11.15) を式 (11.14) に代入すると，飽和電流が次式のように求められる．

$$i_D = \frac{\mu_n C_{ox} W}{2L} (v_{GS} - V_{th})^2 \tag{11.16}$$

この式を 2 乗則ともいう．これは第 10 章 MESFET の式 (10.17) と同様な形をしていることがわかる．飽和した後の i_D は，v_{GS} によって誘起された反転キャリヤ密度

で決まり，一定となり，図 11.9 (b) に示した特性を示す.

11.4.5 伝達コンダクタンス

飽和領域の伝達コンダクタンス g_m は，式 (11.16) から，

$$g_m = \left. \frac{di_D}{dv_{GS}} \right|_{v_{DS}= \text{一定}} = \frac{\mu_n C_{ox} W}{L}(v_{GS} - V_{th}) \tag{11.17}$$

と得ることができる.

11.5　MOS キャパシタンス

MOSFET をやや詳細に検討する際は，MOS キャパシタンスの物理を理解した方がよい. 以下，それについて述べる.

図 11.14 に示す p 型 Si 基板を用いた MOS 構造でゲートに負電圧を加えると，正孔が Si 基板表面に蓄積する. つまり，この状態は，SiO_2 膜という誘電体をゲート金属と正孔の蓄積層ではさんだキャパシタを形成したと考えることができる. ゲート電極の断面積を S，SiO_2 膜の厚みを t_{ox}，その誘電率を ε_{ox} とすれば，その単位面積あたりの容量は，

$$C_{ox} = \frac{\varepsilon_{ox}}{t_{ox}} \tag{11.18}$$

となる. これを MOS の**蓄積容量**（accumulation capacitance）という.

次に，上述したものとは逆の正電圧をゲートに加えると，図 11.15 (a) に示すような電荷状態が生じる. 11.1 節で述べたように Si 基板表面は空乏状態となり，負のアクセプタイオンからなる空間電荷領域が生じる. このように，空間電荷の形で電荷を蓄えた空乏層容量が存在する. この容量を **MOS キャパシタンス**（MOS capacitance）とよぶ. 図 (a)，(b) に示すように，－イオンによる空間電荷密度が $-qN_A$ で，その

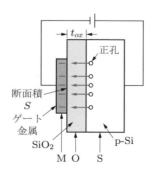

図 11.14　蓄積状態の MOS キャパシタ

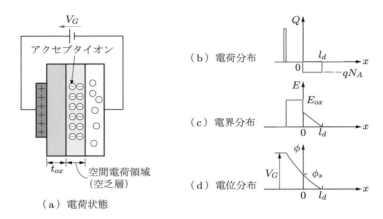

図 11.15　空乏状態の MOS キャパシタ

幅が l_d であるとする．まず，半導体中に生じる電界，電圧を求めてみる．7.1 節での電界，電圧の求め方を参照して，式 (7.1) のポアソンの式で，$\rho = -qN_A$，$v = \phi$ とおく．$x = l_d$ で $d\phi/dx = 0$ の境界条件の下でこの式を積分し，電界 $E = -d\phi/dx$ を考慮すると，

$$E = -\frac{qN_A}{\varepsilon}(x - l_d) \tag{11.19}$$

となる．この式から電界分布は図 (c) のような右下がりの直線となる．式 (11.19) を，$x = l_d$ で $\phi = 0$ の条件の下で解くと，

$$\phi = \frac{qN_A}{2\varepsilon}(x - l_d)^2 \tag{11.20}$$

となる．表面電位 ϕ_s は，式 (11.20) から，$x = 0$ での ϕ の値として，次のようになる．

$$\phi_s = \frac{qN_A}{2\varepsilon}l_d{}^2 \tag{11.21}$$

ϕ は表面の ϕ_s から半導体内部に向かって，図 (d) のように低下していく．

　空間電荷領域中のイオン化したアクセプタ原子による単位面積あたりの電荷 Q_B は，次式で与えられる．

$$Q_B = -qN_Al_d \tag{11.22}$$

　p 型基板が強い反転をしていないとき，すなわち $V_G < V_{th}$ の場合は，ゲートから発した電気力線はすべてこの空間電荷に終端している．したがって，ゲート金属上の単位面積あたりの電荷を Q_G とすれば，$Q_G = -Q_B$ である．この空間電荷層の単位面積あたりの容量 C_s は，7.1 節で説明したように，

$$C_s = \frac{\varepsilon}{l_d} = \sqrt{\frac{\varepsilon qN_A}{2\phi_s}} \tag{11.23}$$

となる．外部からみた容量は，この容量と直列に式 (11.18) に示す酸化膜の容量が接続されたことになるので，$V_G < V_{th}$ の場合は，MOS キャパシタの単位面積あたりの容量は，

$$C = \frac{C_s C_{ox}}{C_s + C_{ox}} \tag{11.24}$$

となる．

　一方，ゲート電圧が $V_G > V_{th}$ のときは，p 型半導体基板の表面は n 型に強反転するので，電子が反転層に誘起されるだけの十分な時間をかけて，すなわち低周波において容量を求めると，ゲートから発した電気力線のうち $V_G - V_{th}$ に相当する分はすべて，反転層中の電子にだけ終端する．したがって，MOS キャパシタの容量 C は，再び酸化膜の容量，つまり，

$$C = C_{ox} \tag{11.25}$$

となる．ただし，反転層に電子が誘起される時間的余裕を与えないよう高い周波数で容量を求めると，その値は式 (11.24) の値を保ったままになる．この様子を図示すれば，図 11.16 のようになる．図 11.4 (d) からわかるように，$V_G = 0$ で $\phi_s = 0$ なので，式 (11.23) から，$C_s \to \infty$ となり，$C = C_{ox}$ となるはずであるが，図に示すように C/C_{ox} は 1 より小さい．これは，$V_G = 0$ でも空乏層は**デバイ長**[†]（Debye length）L_D 程度拡がるためであると説明できる．

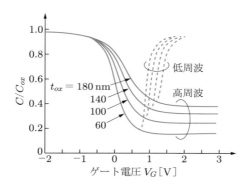

図 11.16　MOS キャパシタンスの C-V 特性

[†]　固定電荷 Q が n 型，または p 型半導体中に置かれたときに，その多数キャリヤに取り囲まれて，遮へいされる距離．

11.6 フラットバンド電圧

　この章の始めでは，ゲート金属と半導体間に仕事関数差がないと理想化した．しかし，実際には，図11.17(a)に示すように仕事関数差があるので，MIS構造を作ると，図(b)のように，$V_G = 0$であってもエネルギー帯が曲がる．この曲がりを平坦化するには，$V_{FB} = \Phi_M - \Phi_s$（負電圧）をV_GとしてAlのゲート電極に加える必要がある．この電圧を**フラットバンド電圧**（flat band voltage）という．

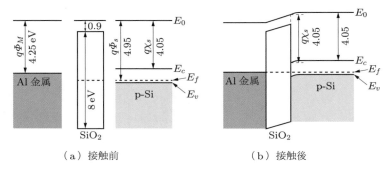

（a）接触前　　　　　　（b）接触後

図11.17　仕事関数差のあるMIS接触

　$V_G = 0$の状態で，表面のエネルギー帯が曲がる原因は，上述の仕事関数差だけではない．SiO₂膜中に何らかの電荷が存在していると，ゲートに電圧を加えたときと同じ静電誘導作用により，エネルギー帯が曲がる．この場合にも，バンド（帯）をフラットにするには，その電荷の効果を打ち消すだけのゲート電圧を加える必要がある．この場合，ゲートには，膜中にあるのが正電荷なら負電圧を，負電荷なら正電圧を加える必要がある．

　MOS容量のV_G依存性も，当然，上で述べた仕事関数差やSiO₂膜の電荷の影響を受ける．その例として，MOS容量が図11.18の実測特性のように得られたとする．ここでは，あらかじめ，仕事関数差によるフラットバンド電圧への影響を考慮した特性を理想特性とよぶとして，理論計算に基づいて描いてある．この実測特性の理想特性からのシフト電圧 −0.8 V が，バンドをフラットするために要求されるフラットバンド電圧である．理想曲線に比べて，より負の電圧を加えなければフラットバンドにならないのだから，SiO₂膜に正の電荷がその分だけあることになる．正電荷がSiO₂層とSi結晶との界面のうち，SiO₂層側に面状に**界面電荷密度**（interface charge density）N_{FB}をもって分布しているとすると，V_{FB}との間は，$Q = CV$の関係から，次式のように表せる．

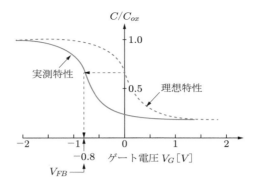

図 11.18　MOS 容量の V_G 依存性からの V_{FB}

$$N_{FB} = |V_{FB}| \frac{C_{ox}}{q} \tag{11.26}$$

これから，界面電荷密度 N_{FB} を求めることができる．このフラットバンド電圧に依存して，MOSFET のしきい値電圧 V_{th} が変化する．

演習問題

11.1　MIS ゲートの反転状態で半導体表面にキャリヤが誘導されてくるが，どこからどんなキャリヤがきたのか．

11.2　$N_A = 1.5 \times 10^{21}\,\mathrm{m^{-3}}$ の p 型 Si 基板上に 2 nm の SiO_2 層厚みをもつ MOS ゲートがある．V_{th} はいくらか．ここで，V_{FB} は 0 とする．SiO_2 の比誘電率は 3.9 である．

11.3　式 (11.12) を導出せよ．

11.4　問図 11.1 に示すような SiO_2 膜の厚みを，蓄積状態の MOS キャパシタンスの測定から求めたい．ゲートの電極直径は $500\,\mu\mathrm{m}$ である．次の問いに答えよ．

(1)　電源の極性はどのようにつなげばよいか．

(2)　MOS キャパシタンスを測定したところ，132 pF であった．SiO_2 膜の厚み t_{ox} はいくらか．ただし，SiO_2 の比誘電率は 3.9 である．

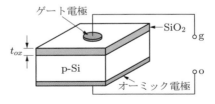

問図 11.1

11.5　ゲート金属と半導体間に仕事関数差がない MOS ダイオードの C-V 特性から求めたフラットバンド電圧は $-0.8\,\mathrm{V}$ であった．界面電荷密度を求めよ．SiO_2 膜の厚みは 200 Å

とする.

11.6　Al 電極, SiO_2 膜 (20 nm), p-Si ($10\,\Omega\cdot cm$) から構成された MOS ダイオードがあ
る. その C-V 特性測定から求めたフラットバンドシフト電圧は $-0.8\,V$ であった. 界
面電荷密度はいくらか. ただし, Al の仕事関数 $\varPhi_M$ は $4.25\,eV$, Si の電子親和力 χ_s
は $4.05\,eV$, SiO_2 の比誘電率は 3.9 とする.

11.7　問表 11.1 に示すパラメータをもつ n チャネル MOSFET について次の問いに答えよ.

(1)　$v_{GS} = 3\,V$, $v_{DS} = 1\,V$ のときの i_D を求めよ.

(2)　$v_{GS} = 3\,V$, $v_{DS} = 5\,V$ のときの i_D を求めよ.

(3)　$v_{DS} = 5\,V$ とし, v_{GS} を $3\,V$ から $3.1\,V$ に変えたときの i_D の増加分 Δi_D を求
めよ.

(4)　$v_{GS} = 3\,V$ のときの g_m を求め, その値から v_{GS} を $3\,V$ から $3.1\,V$ に変えたと
きの Δi_D を求めて (3) で得た値と比較せよ.

問表 11.1　MOSFET のパラメータ

パラメータ	値
ゲート長 L	$0.25\,\mu m$
ゲート幅 W	$1\,\mu m$
ゲート SiO_2 厚さ t_{ox}	$8\,nm$
ゲート SiO_2 の比誘電率 ε_{ox}	3.9
しきい値電圧 V_{th}	$1\,V$
チャネル内の電子移動度 μ_n [†]	$0.05\,m^2/Vs$

---

†　MOSFET ではキャリヤがゲート絶縁膜と半導体の境界面近傍を走行することになる. その際, キャリヤ
は界面電荷などによっても散乱を受けるため, チャネル内の移動度は半導体内部を走行するときよりも小
さくなる.

集積回路

　ダイオードやトランジスタの，一つを一つのパッケージに収納したものを**個別素子**（discrete component）とよぶ．一方，多数のトランジスタなどを電気接続して一つのパッケージに収納したものを**集積回路**（integrated circuit; IC）とよぶ．IC はその構成形式により，**モノリシック集積回路**（monolithic IC）と**ハイブリッド集積回路**（hybrid IC）の二つに分けられる．モノリシック IC は，単一の半導体基板（通常 **Si ウェーハ**；Si wafer）中および基板上に，その半導体基板の物理的性質を意図的に変えることにより，トランジスタ構造，ダイオード構造を一度に数多く作り，それらを配線パターンで接続することにより作られる．ディジタル信号用論理回路素子，記憶素子そしてアナログ信号処理用の演算増幅器はこの形式で作られており，集積回路の大部分を占めている．ハイブリッド IC は，個別素子を，たとえばセラミック基板上に配線ワイヤと配線パターンで相互接続したものである．この IC は，大電力用，超高周波用，センサ回路用などの用途に使われる．本章では，モノリシック IC について述べる．この IC では，半導体の微細部分（μm のオーダ）の物理的性質そのものを変えて作るので，**集積度**†が著しく高いという特徴がある．IC は集積度で分類されて呼称される場合がある．集積度が 1000 以上の IC を **LSI**（large scale integration），10 万以上のものを **VLSI**（very large scale integration），100 万以上のものを **ULSI**（ultra large scale integration），10 億以上のものを **GSI**（giga scale integration）とよぶ．ただし，これらの分類は厳密なものではない．また，これらを総称して LSI とよぶ場合も多い．

12.1　IC の回路構成法

　現在の IC の主流であるモノリシック IC の構成法を考えてみよう．モノリシック形式では，半導体基板そのものを加工するのが主技術であるので，トランジスタ，ダイオードは，これまでに説明した構造で実現できるが，キャパシタ，コイル，抵抗をどのように実現するのであろうか．表 12.1 は，機能によって能動素子，受動素子とに

---

† 数 mm～数十 mm 角のチップに集積されたトランジスタ個数を集積度という．

表 12.1　電気素子の IC での実現方法

素子の分類	IC 化しようとする機能	IC 化された素子
能動素子	ダイオード	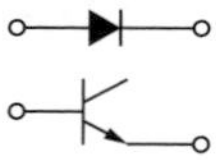 （ダイオード記号）（トランジスタ記号）
能動素子	トランジスタ	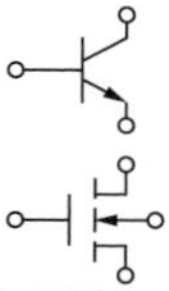 （バイポーラトランジスタ記号）（MOSFET 記号）
受動素子	抵抗（抵抗記号） 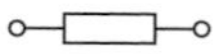	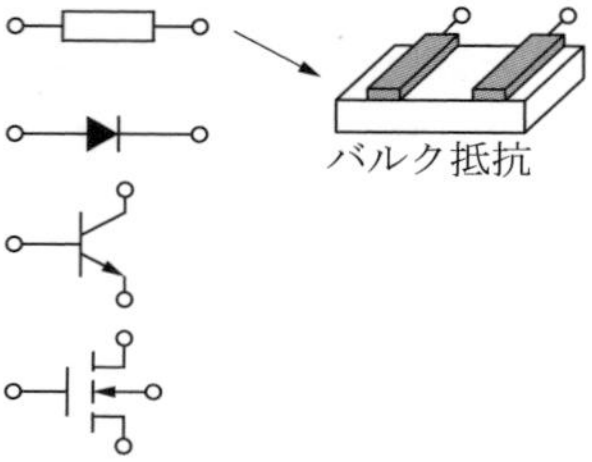 （抵抗記号）→ バルク抵抗／（ダイオード記号）／（トランジスタ記号）／（MOSFET 記号）
受動素子	キャパシタ（キャパシタ記号） 	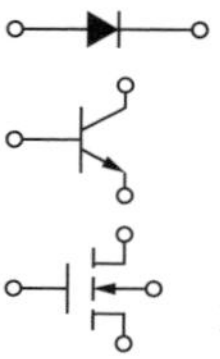 （ダイオード記号）pn 接合の空乏層容量／（トランジスタ記号）空乏層容量／（MOSFET 記号）ゲート絶縁膜の MOS 容量

分けて，それらがどのような形で IC 化されるかを示している．抵抗は，図のように，半導体のバルク抵抗で実現する方法，あるいはダイオードやトランジスタの端子間抵抗が望みの抵抗値になるようにバイアス電流を設定して実現する方法が用いられる．キャパシタは，ダイオードやバイポーラトランジスタの空乏層容量，MOS ダイオードや MOSFET の MOS キャパシタンスによって実現する．インダクタンスは配線層を使ってコイルを作ることもできるが，寸法が大きくなってしまうため，それをトランジスタ，抵抗を含む回路によって電子回路的に実現する方法が利用される．

12.2　IC の内部構造

　モノリシック IC は，一つの半導体基板の上に多数の素子（トランジスタなど）を作り込む．その際，隣接する素子間に，半導体を通して電流が流れないように，素子間を電気的に絶縁する必要がある．これを**素子分離**（isolation）とよぶ．素子分離には，

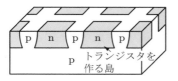

（a）pn 接合による絶縁分離 　　　　（b）誘電体（絶縁体）による分離

図 12.1 　ICの素子分離法

pn 接合の空乏層または SiO$_2$ などの絶縁体（誘電体）が利用される．図 12.1 (a) は，
p-Si 基板に n 型の島を形成したものである．n 型の島と p 型基板間を逆方向にバイア
スしておくことで，n 型の島は基板と空乏層によって絶縁されるので，n 型の島の中
に素子を作製することによって隣接素子間を絶縁できる．この素子分離法は **pn 接合
分離** とよばれ，バイポーラトランジスタを用いる IC に多用される．

　一方，MOSFET は，ソース，ドレーン，チャネルのすべてがシリコン基板と pn 接
合で絶縁された構造になっているので，MOSFET で構成する集積回路では，上部に
配置された配線によってトランジスタ間に無用な反転層（寄生的なチャネル）が発生
するのを防げばよい．そのため，図 (b) のように，トランジスタを作る領域の周囲に
素子分離用の厚い酸化膜を形成する．酸化膜を厚くすることで，しきい値電圧 V_{th} を
大きくし，その上に配置された配線に電圧が加わっても反転層が形成されないように
する．これを **誘電体分離** とよぶ．

　IC の素子の中ではトランジスタがもっとも複雑な構造をしているため，IC はトラ
ンジスタを中心に工程が設計され，製造される．そのため，ほかの素子はできるだけ
トランジスタの構造の一部を利用して作る．図 12.2 に，いろいろな素子の作り方の例

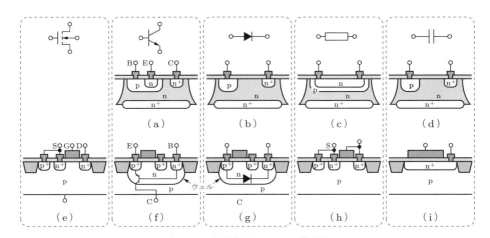

図 12.2 　各種素子の IC での構成法

を示す．バイポーラトランジスタを用いる IC（バイポーラ IC）では，ダイオードは，図 (b) のようにベースとコレクタ間の pn 接合を，抵抗は，図 (c) のようにエミッタあるいはベースを作る際の n 型層あるいは p 型層を，キャパシタは，図 (d) のようにベースとコレクタ間の空乏層容量を利用して作ることができる．一方，MOSFET を用いた IC（MOS-IC）では，バイポーラトランジスタには，図 (f) のように，後述する CMOS のウェルと基板を利用した接合を，ダイオードには，図 (g) のようにソースまたはドレーンとウェル間の pn 接合を，キャパシタンスには，図 (i) のようにゲート絶縁膜容量を利用することができる．抵抗の形成には，ディジタル信号を扱う IC では，図 (h) のように MOSFET のチャネル抵抗を利用し，アナログ信号を扱う IC では，配線と同様に形成した多結晶シリコンの薄膜を利用する．

　これらの素子が，1 辺が数 mm〜数十 mm の四角い半導体ウェーハ領域（**チップ**；chip）に集積される．これを図 12.3 (a) のように，半導体ウェーハ上に一括して多数同時に作製する．その後，個々のチップに切り出し（図 (b)），図 (c) のようにパッケージの電極（**リードフレーム**）とワイヤで接続し，封止することで IC は完成する．

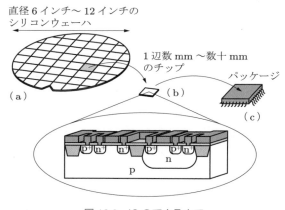

図 12.3　IC のできるまで

12.3　アナログ IC とディジタル IC

　IC は，処理する信号の形式により，**アナログ IC** と**ディジタル IC** に分類される．アナログ IC には，アナログ信号を増幅する**演算増幅器**（operational amplifier）や高周波（radio frequency）信号増幅用の IC がある．ディジタル IC には，ディジタル演算を行うための**論理 IC**（logic IC）や，情報を記憶させるための**メモリ IC**（memory IC）などがある．

　バイポーラトランジスタを使ったディジタル IC は，高速の処理が可能ではあるが，消費電力が大きいという欠点があるため，現在ではあまり用いられていない．一方，特性のそろったトランジスタを製造しやすく，また，増幅率の大きな回路を作りやすいという利点があることから，バイポーラ IC はアナログ IC として利用されている．

　一方，n チャネル MOSFET（n-MOS）と p チャネル MOSFET（p-MOS）を組み合わせた**相補型 MOS**（complementary MOS; **CMOS**）は，ディジタル信号を低消費電力で処理できることから，現在のディジタル IC の主流となっている．また，アナログ信号を処理する回路とディジタル信号を処理する回路を同一チップ内に集積させて機能を高めるため，CMOS を使ったアナログ信号処理回路（**CMOS アナログ回路**）も多く使われるようになっている．

12.4　CMOS ディジタル IC

　図 12.4 (a) に，CMOS 論理回路の基本である **CMOS インバータ**の回路図を示す．インバータは，入力の否定を出力するので，**NOT 回路**ともよばれ，図 (b) の論理記号で表す．n-MOS と p-MOS を直列にし，n-MOS のソースを接地し，p-MOS のソースを電源に接続したものである．双方のゲートを接続し，入力信号を与える．

　いま，入力 A に電源電圧程度（$\cong V_{DD}$）の高いレベルの電圧（これを論理値 "1" とする）が入った場合，n-MOS は，$v_{GSn} = V_{DD} > V_{thn}$（$V_{thn}$ は n-MOS のしきい値電圧）となり導通し，p-MOS は，$v_{GSp} = 0 > V_{thp}$（V_{thp} は p-MOS のしきい値電圧）となり遮断する．すると，出力 Z は，導通した n-MOS を通して接地に接続されるので，電圧はゼロに，すなわち "0" となる．逆に，入力に 0 V の低いレベルの電圧（これを論理値 "0" とする）が入った場合には，n-MOS は $v_{GSn} = 0 < V_{thn}$ となり遮断し，p-MOS は $v_{GSp} = -V_{DD} < V_{thp}$ となり導通するため，出力は p-MOS を通して電

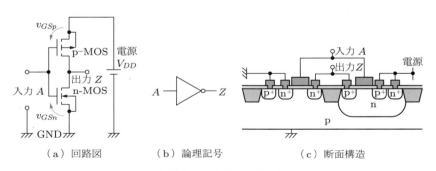

（a）回路図　　　　（b）論理記号　　　　（c）断面構造

図 12.4　**CMOS インバータ**

源に接続され，電圧は V_{DD} となり，"1" となる．つまり，n-MOS と p-MOS が入力に対して相補的（complementary）に動作するスイッチとなっている．スイッチのいずれかが遮断となるので，電源から接地まで定常的に流れる電流がなく，無駄な電力消費を抑えることができる．そのため，CMOS は消費電力の小さな論理 IC を作ることができる．

図 (c) に，CMOS インバータの断面構造を示す．n-MOS と p-MOS を同じ半導体上に形成するため，n-MOS は p 型半導体の上に直接作製する一方，p-MOS は p 型基板の一部に n 型のウェルとよぶ領域を設け，その内部に作製する．

図 12.5 に，CMOS インバータの動作を応用した 2 入力の **NAND**，**NOR** 論理回路を示す．併せて，論理記号も示した．いずれも 2 対の CMOS インバータから構成されており，NAND は n-MOS が直列に，NOR は n-MOS が並列に接続されている．

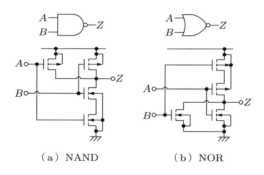

（a）NAND　　　　　（b）NOR

図 12.5　CMOS 論理回路

12.5　メモリ IC

12.5.1　メモリ IC の分類

ディジタルメモリを構成するための条件は，① メモリが二つのディジタル状態，たとえば，スイッチの ON と OFF，ランプなら点灯と消灯，トランジスタなら導通と遮断，または，高電圧出力と低電圧出力の状態をとれること，② その状態を保持できること，③ その状態を外部から設定できること，④ その状態を外部から検出できることである．半導体を使った IC メモリは，これらの条件を満たすすべての動作を，一つの IC 内で電気的に実行できるという特長をもつ．

IC メモリを大別し，それを位置づけて図 12.6 に示す．IC メモリは，磁気テープのように情報をテープの端から順次に読み出し，あるいは書き込むものではなく，特定の記憶場所に直接にアクセスできる**ランダムアクセスメモリ**（random access memory；

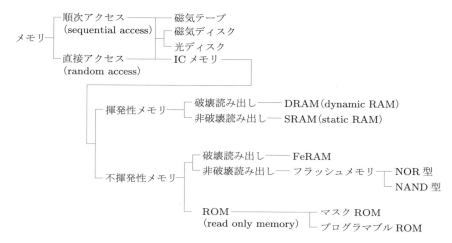

図 12.6　IC メモリの分類

RAM）を実現できるという特長をもつ．IC メモリは，電源を切ると記憶情報が消える
揮発型と，電源を切っても情報を記憶し続ける不揮発型に分類できる．RAM は，特定
の場所の記憶情報を随時書き換えられるものである．一方，あらかじめ書き込まれた
情報を読み出すだけのメモリも応用上大変有用である．このメモリを**リードオンリー
メモリ**（read only memory; ROM）とよぶ．ROM は，ユーザが書き込み器を用いて
書き込むことができる**プログラマブル ROM**（programmable ROM; PROM）と，IC
の製造時に情報をマスクパターンの変化に置き換えて記憶させる**マスク ROM**（mask
ROM）とに分類できる．つまり，RAM は書き換えが容易な黒板に相当し，ROM は，
書き換えが不可能ではないがペンキの塗り替えが必要な看板に相当するといえよう．

12.5.2 DRAM

RAM は，一般に図 12.7 のように，縦，横の配線の交差点に一つの記憶単位（メモ
リセル，memory cell）を配置して構成する．行デコーダ，列デコーダによって，そ
れぞれ m 行目の横配線，n 列目の縦配線を選択すれば，番地 (m, n) に直接アクセス
することができる．

DRAM（dynamic RAM）のセルは，図 12.8 (a) のように，1 個の MOSFET と 1 個
の電荷蓄積用キャパシタ Cs によって構成される．**アドレスワード線**に高レベルの電
圧が加わると，MOSFET が導通状態になる．この際に，**データ線**に高いレベルの信
号電圧が加わると，Cs は MOSFET を通して充電される．その後，アドレスワード
線の電圧をゼロにして MOSFET を遮断すると，Cs は充電されたままの状態，すな
わち情報 "1" を記憶した状態になる．これが書き込み動作である．

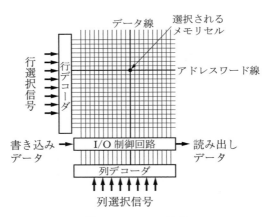

図 12.7 RAM の構成

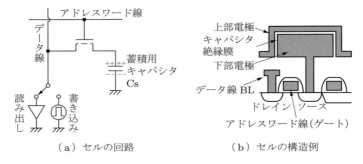

（a）セルの回路　　　　　（b）セルの構造例

図 12.8 DRAM のメモリセル

　一方，読み出す場合には，同様にアドレスワード線の信号で MOSFET を導通にした状態で，こんどは，データ線を読み出し用の増幅回路（センスアンプ）に接続し，Cs の充電状態を検知して "1" か "0" を判定する.

　Cs に蓄積されていた電荷は，読み出すごとに電荷の一部が放電される，いい換えれば，読み出すことで情報を消失する. このように，情報を読み出すと記憶が破壊されることを，破壊読み出しとよぶ. このままではメモリ情報を一度しか読み出せないので，何度も読み出し可能なように，読み出し直後にデータの**再書き込み**を行う. また，読み出しを行わなくとも，Cs に蓄積された電荷は漏れ電流によってやがては消失する. それを防ぐため定期的に電荷を補充する. これを**リフレッシュ**とよぶ.

　図 (b) に，セルの構造例を示す. 蓄積用キャパシタの容量をできるだけ大きくし，しかも集積密度を大きくするために，MOSFET の上部に積み重ねるように蓄積用キャパシタ Cs を配置したものである.

12.5.3 SRAM

SRAM（static RAM）は，読み出してもセル情報が消失しない非破壊読み出しができる．その回路例を図 12.9 (a) に示す．トランジスタ M_3 と M_5，および M_4 と M_6 が，それぞれ CMOS インバータ（NOT）を構成し，互いに相手の出力（左ノード N_1，右ノード N_2）を入力にした構成になっている．M_1 と M_2 は伝達ゲート（transmission gate）である．この回路は，論理記号を用いると図 (b) のように描け，二つの NOT でフリップフロップ回路を構成している．読み出しは，アドレスワード線に "ハイ（high）" の信号を入れて M_1，M_2 を導通にし，たとえば，左側のデータ線 D に現れる電圧がハイなら "1" が記憶されていたと判定する．このように，読み出しても記憶状態は変わらない．

書き込みは，同様にアドレスワード線をハイにし，アドレスを選択した後，たとえば，データ線 D に "ロー（low）" すなわち "0" の信号を入れると，M_4 が遮断し M_6 が導通する．すると点 N_2 の電位がハイになり，M_3 が導通し M_5 が遮断する．これで "0" が書き込めたことになる．M_6 が導通時に M_4 が遮断，M_3 が導通時に M_5 が遮断となるので，電源から接地に定常的な貫通電流は流れない．つまり，この回路は，CMOS 動作を利用して消費電力を大きく減少できる特長をもっている．

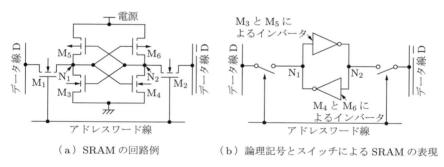

（a）SRAM の回路例　　　（b）論理記号とスイッチによる SRAM の表現

図 12.9　SRAM セルの回路例

12.5.4 FeRAM

DRAM も SRAM も，電源を断ってしまうと記憶は消失してしまうが，電源を断っても記憶を保持できる不揮発性をもち，しかも RAM の性質ももち合わせたメモリがある．そのうちの一つが**強誘電体**（ferroelectric，たとえば PZT（$PbZrTiO_3$））を用いた **FeRAM** である．回路は図 12.10 (a) に示すように DRAM と同様であるが，電荷蓄積用のキャパシタに相当する部分に強誘電体キャパシタを用いたものである．

いま，強誘電体キャパシタが図 (b) の ⓐ の状態 "1" にあったとする．この状態で下

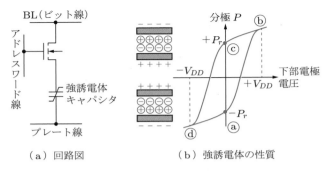

（a）回路図　　　　　　（b）強誘電体の性質

図12.10　強誘電体メモリ（FeRAM）のセル構成例

部電極に $+V_{DD}$ を加えると，状態が@→ⓑと変化し，その後，電圧をゼロにするとⓒの状態になる．このときの分極反転にともなう上部電極の電荷変化から情報 "1" を読み出す．状態がⓒになったので，"0" が書き込まれたことになる．DRAM と同様に読み出しが可能であり，**自発分極**が残っている間は電源を断っても記憶を保持し続ける．FeRAM は，低電圧，高速書き込み，低消費電力という特長をもつ．一方，強誘電体材料の劣化により，書き換え可能な回数が限られているため，DRAM や SRAM と同様に使えるわけではない．書き換えや読み出しが必要なときだけ電力を無線で供給する IC カードなどに利用されている．

12.5.5　フラッシュメモリ

フラッシュメモリは，DRAM や SRAM のような高速での書き込み，読み出しは困難であるが，電源を供給せずに 10 年程度の長期にわたってデータの保持が可能な不揮発メモリである．そのメモリセルは，図 12.11 (a) に示すスタックドゲートトランジスタにより構成されている．

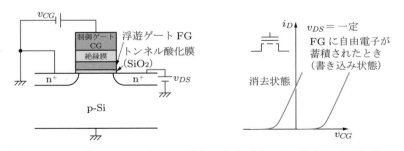

（a）スタックドゲートトランジスタの構造　　（b）書き込み・消去時の電流−電圧特性

図12.11　スタックドゲートトランジスタとメモリ動作

スタックドゲートトランジスタは，MOSFET のゲートとチャネルの間に電気的に絶縁されたゲート電極を挿入した構造をもつ．所望の電圧を加える最上部の電極を**制御ゲート**（control gate），絶縁された電極を**浮遊ゲート**（floating gate）とよぶ．情報は，浮遊ゲート中に電子が存在するか否かで記録される．電子が存在する場合，制御ゲートをゲートとする MOSFET のしきい値電圧 V_{th} は大きくなる．浮遊ゲート中の負電荷の存在によって，チャネル内に電子が発生しにくくなるからである．この性質を利用して，制御ゲートに所定の電圧を加えたときに，ソース–ドレーン間に電流が流れるか否かで "1" または "0" の記憶情報を判定できる．いったん浮遊ゲートに入れた（書き込んだ）電子は，周囲が絶縁体で覆われているので外部に流出しにくい．そのため，長期にわたる記憶が可能である．

浮遊ゲートへの電子の注入（書き込み）には，MOSFET のドレーンと制御ゲートのそれぞれに正の電圧を加える．ドレーン近傍の高電界で**電子なだれ**が発生し，エネルギーの高い電子（**ホットキャリヤ**とよぶ）が生成される．このエネルギーの高い電子は，正の電圧を加えた制御ゲートにより，酸化膜を通して浮遊ゲートに引き込まれ，書き込まれる．この様子を図 12.12(a)，(b) に示す．

一方，消去には，図 (c) に示すように，制御ゲートに対してソースに高い正の電圧を加えると，図 (d) のようにトンネル酸化膜の実効厚みが薄くなり，電子を浮遊ゲート

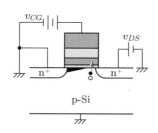

（a）書き込み時のバイアス

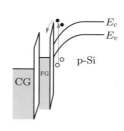

（b）書き込み時のエネルギーバンド構造

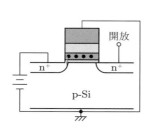

（c）消去時のバイアス

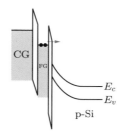

（d）消去時のエネルギーバンド構造

図 12.12　**スタックドゲートトランジスタの書き込み・消去の原理**

から引き抜くことができる．これを **FN トンネル**（Fowler-Nordheim tunnel）**効果**という．

記憶機能をもつこのスタックドゲートトランジスタを，図 12.13 (a) のように，個々のセルに直接アクセスできるように接続したものを **NOR 型フラッシュメモリ**とよぶ．図は 4 ビット分を表している．四つのソースすべてを接続してあり，ソースに正電圧を加えて，FN トンネル効果で四つの浮遊ゲートから電子を同時に引き抜いて消去する，つまり一括消去に特長がある．直接アクセスができる一方，集積密度は高くしにくいので，マイクロコンピュータのプログラム格納用などに用いられる．

一方，図 (b) のように，多数（8〜64 個）のスタックドゲートトランジスタを直列に接続したものを **NAND 型フラッシュメモリ**とよぶ．直列接続しているおのおののセルには順次アクセスすることになるが，高密度化できるので，データのストレージ用途に多用される．直列に接続したトランジスタのうち，一番上のもの（SL）は選択用，一番下のもの（IL）は分離用である．データは，WL_0〜WL_3 のトランジスタに記憶させる．

図には，消去時に加える電圧の例を記入している．すべての WL を 0 V にして p 型ウェルに 20 V を加え，浮遊ゲートから FN トンネル効果で電子を引き抜いて，ブロック内のすべてのトランジスタの記憶を一括して消去する．なお，NAND 型では，消去状態のしきい値電圧を負に設定している．

NAND 型では，書き込みにも FN トンネル効果を利用する．書き込みはワード線単位で行う．一例として，WL_0，BL_0 の交点にあるトランジスタに書き込む場合を考える．SL を 20 V，IL を 0 V にして，トランジスタ列をビットラインに接続する．p 型ウェルも 0 V とする．この状態で WL_0 には 20 V，WL_1〜WL_3 には 7 V を加える．

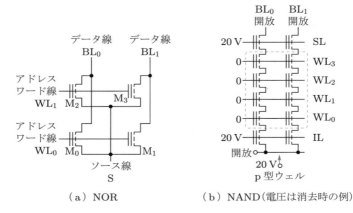

（a）NOR （b）NAND（電圧は消去時の例）

図 12.13 　NOR 型と NAND 型のフラッシュメモリ

消去状態のしきい値電圧は負であるので，この状態で WL_0〜WL_3 の接続されたすべてのトランジスタは導通し，どのトランジスタにおいてもドレーン，チャネル，ソースは BL_0 と同じ 0 V となる．このとき，20 V がゲートにかかる WL_0 に接続されたトランジスタでは，FN トンネル効果が発生するのに十分な電界となっているために，チャネル側から浮遊ゲートに電子が注入され，書き込むことができる．なお，この動作の間，BL_1 には 7 V を加えておくと，WL_0，BL_1 に接続されたトランジスタでは FN トンネル効果は発生しない．

　最近では，浮遊ゲートに蓄積する電子の量を 4 段階に制御した多値セルも携帯電話などに使用されている．

演習問題

12.1　モノリシック IC ではインダクタンスは用いられてこなかった．その理由を述べよ．

12.2　問図 12.1 のように，抵抗と n-MOS を組み合わせてもインバータを作れる．これを抵抗負荷型インバータとよぶ．このインバータに比べて CMOS インバータの方が消費電力を小さくできる．その理由を述べよ．

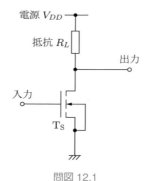

問図 12.1

12.3　DRAM と SRAM とを比較して，(1) 集積密度を大きくしやすいのはどちらか，(2) 高速動作に適しているのはどちらか．

12.4　スタックドゲートトランジスタに記憶されている情報を読み出す際，制御ゲートに加えるべき電圧について，図 12.11 (b) を用いて説明せよ．

光半導体デバイス

第**13**章

半導体に光を照射すると，内部に電子正孔対が発生する．この現象と pn 接合を組み合わせることで，太陽電池や光検出器，イメージセンサーなどを作ることができる．一方，半導体で電子と正孔が再結合するとき発光する現象と pn 接合を組み合わせると，発光ダイオードやレーザダイオードを作ることができる．ここでは，これら光半導体デバイスの原理を学ぶ．

13.1 光 子

光が波動性をもつばかりではなく粒子性をもっていることは，図 13.1 に示すように，光の進行方向が電子との衝突によって変えられるというコンプトンの有名な実験から明らかであろう．この粒子は，**光子（フォトン，photon）**とよばれる．光子は，電子，正孔のように，正とか負の電荷を帯びず中性である．この考えによれば，私たちは多数の光子という粒子が飛びかう中に生きていることになる．この粒子は質量はもたないがエネルギーをもっており，光子 1 個のもつ**フォトンエネルギー** ε と，光を波動と考えたときの光の振動数 ν と波長 λ とには，次の関係がある．

$$\varepsilon = h\nu = h\frac{c}{\lambda} \tag{13.1}$$

ここで，h はプランクの定数，c は光速である．また，$\lambda = c/\nu$ の関係を使っている．このように，光（広くは電磁波）の波長がエネルギーと 1 対 1 の関係をもっている．この式から，光の波長，つまり電磁波の波長が短くなればなるほど，フォトンエネルギーは大きくなることがわかる．図 13.2 に，波長とフォトンエネルギーの関係を示す．赤外線のフォトンエネルギーはそう大きくないので，赤外線こたつに足を入れて

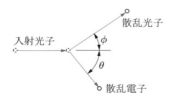

図 13.1 　電子との衝突によって方向が変わった光子（実験では X 線）

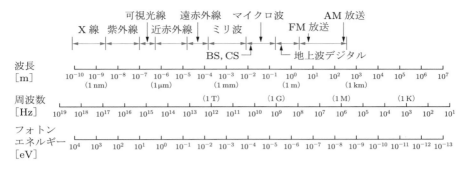

図 13.2　**波長とフォトンのエネルギー**

も炎症を起こしたりしない．しかし，紫外線こたつなら，足は黒くなる．つまり，皮膚の中で化学変化が生じる程度に，フォトンのエネルギーが大きくなっているといえる．逆に，AM のラジオ放送用の電波は私たちの周りに飛びかっているが，その波長が長い中波であり，図 13.2 に示すように，その電波のフォトンエネルギーは非常に小さいので，身体に害を与えない．

13.2　光導電効果

　図 13.3 (a) に示すように，棒状の半導体に光を照射すると，フォトンは，半導体の結合手を構成する電子を結合から外し，自由に動ける伝導電子を生成する．また，その飛び出た孔として正孔を生成する．1 個のフォトンで電子と正孔の対を生成できたことになる．この様子をエネルギー帯図で示すと，図 (b) のようになる．フォトンのエネルギーが電子を価電子帯から伝導帯へ移すのに必要なエネルギー以上の値をもてば，伝導帯に伝導電子が，価電子帯に正孔ができる．したがって，図のように電池を

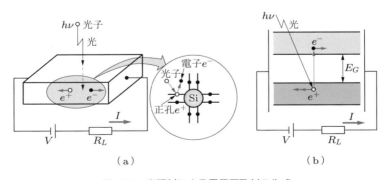

図 13.3　**光照射による電子正孔対の生成**

つなぐと，電子は＋極に，正孔は－極に向かって動き，それによって電流 I が流れる．このように，光を照射すると半導体中にキャリヤができる．つまり，半導体の導電率が変化したことになる (式 (5.10) 参照)．これを**光導電効果**（photoconductive effect）とよび，この効果を利用した光電変換素子を**光導電セル**（photoconductive cell）という．

　上述した光導電効果を生じるには，フォトンエネルギーと半導体のエネルギーギャップ E_G との間で，次の関係を満たす必要がある．

$$\varepsilon = h\frac{c}{\lambda} \geq E_G \tag{13.2}$$

この式を変形して，波長 λ を左辺に移した表現にすると次式を得る．

$$\lambda \leq \frac{hc}{E_G} = \frac{1.24}{E_G\,[\mathrm{eV}]}\,[\mu\mathrm{m}] \tag{13.3}$$

この式で等号の場合の λ をとくに**吸収端波長**といい，λ_c で表す．この波長より短い光は電子正孔対を生成できるので，フォトンのエネルギーはそれに消費されてしまう．つまり光が吸収されてしまう．一方，λ_c より長い波長の光は，電子正孔対を生成できないので，吸収されないで半導体を透過する．この様子を，いくつかの半導体材料について図 13.4 に示す．この図の縦軸の**吸収係数**（absorption coefficient）α は，光の減衰定数のことであり，その係数を用いて，光の物質中での減衰が，その光の進行距離 z に依存した $\exp(-\alpha z)$ の関係で表される．Si 単結晶の λ_c は，その $E_G = 1.12\,\mathrm{eV}$ を式 (13.3) に代入して，$1.11\,\mu\mathrm{m}$ と求められる．図から，その波長より短い波長で吸収係数が増大しているのがわかる．つまり，可視光線（$\lambda = 400 \sim 800\,\mathrm{nm}$）は Si 単結

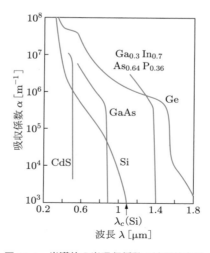

図 13.4　半導体の光吸収係数の波長依存性

晶に吸収され，1.11 µm より波長の長い赤外線は透過する．いい換えれば，Si 単結晶は人間の眼にとっては完全に不透明にみえても，赤外線には透明である．人間の眼は可視光線には感じるが，赤外線には感じないためである．赤外線に感じる眼をもった人がいれば，Si もダイヤモンドと同様に透明な物質にみえることになる．

13.3 光起電力効果

13.3.1 太陽電池

　太陽電池の機構を考えてみよう．図 13.5 (a) に示すような pn 接合半導体に，吸収端波長より短い波長の光を照射する．光強度は右奥の方にいくに従い，図 (b) のように減少する．ところで，pn 接合間には，図 (c) に示すようにもともと拡散電位差が生じている（n 型の方が正に帯電している）．したがって，光が入射することによって生じた電子正孔対は，光を照射した瞬間は図 (c) のようであるが，その直後，空乏層中に発生した電子はドリフト現象により，拡散電位によって生じている伝導帯の坂を下って，左側の n 側へ移動する．空乏層より右側の p 領域で発生した電子は，空乏層に近い領域の電子密度が低下したので，拡散現象により，空乏層側に移動していく．同様に，左側の正孔も，ドリフト現象と拡散現象により p 側へ移動していく．その結果，n 側の負の電荷量および p 側の正の電荷量が増加して，n 側のエネルギーが相対的に高くなり，両者の電位差が減少する．図 (d) がこの状況を示す．この状態は，6.2 節で述べた

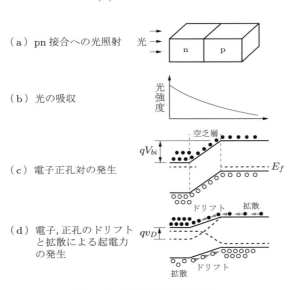

（a）pn 接合への光照射

（b）光の吸収

（c）電子正孔対の発生

（d）電子，正孔のドリフトと拡散による起電力の発生

図 13.5　光起電力効果の機構

pn 接合ダイオードに順バイアスとして v_D を加えたことに相当している．つまり，v_D という起電力が p 側を正，n 側を負に発生することになる．この説明から明らかなように，照射光強度を大きくしていくと，n 側の電子エネルギーがさらに高まり，ついに，エネルギーバンドがフラットになってしまい，これ以上の起電力は得られなくなる．したがって，太陽電池の**開放電圧**（open circuit voltage）V_{oc} はビルトインポテンシャル V_{bi} 以上にはならない．ここで説明した pn 接合のように，エネルギー帯に曲がりのある半導体に光を照射すると起電力を生じる効果を**光起電力効果**（photovoltaic effect）という．この効果を利用した代表的素子が**太陽電池**（solar cell）である．

次に，太陽電池の特性について考えてみよう．pn 接合太陽電池の端子電圧 v_D と電流 i_D を，本書で使用してきた通常のダイオードにおける座標系と同じように，図 13.6 (a) のようにとる．R_L は負荷抵抗である．光を照射しないときには，電流-電圧特性は pn 接合ダイオードのそれであり，すでに式 (6.21) で与えられているが，再び次式として示す．

$$i_D = I_s \left\{ \exp\left(\frac{q v_D}{kT} \right) - 1 \right\} \tag{13.4}$$

この式の i_D-v_D 特性を描くと，図 (b) の A のようになる．負荷を短絡，つまり $R_L = 0$ にして光を照射すると，p 型半導体側が正なので，図の i_D とは逆向きに電流が流れる．それを I_{sc} とすると，

$$i_D = -I_{sc} \quad (ただし，\ v_D = 0\,\mathrm{V}) \tag{13.5}$$

と表せる．したがって，i_D は，

$$i_D = -I_{sc} + I_S \left\{ \exp\left(\frac{q v_D}{kT} \right) - 1 \right\} \tag{13.6}$$

と表現できる．この式の示す特性は，図 13.6 の元の特性カーブ A を下に I_{sc} だけ平行

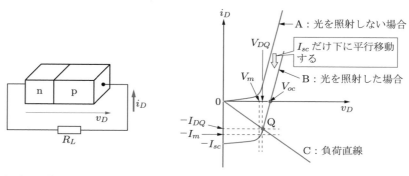

（a）太陽電池の電圧と電流（座標系）   （b） 電流-電圧特性

図 13.6 太陽電池の電流-電圧特性

移動したものとなる．この特性 B が，素子自身がもつ電流–電圧関係を与える．この関係と，負荷抵抗のみに依存する電流–電圧関係，いわゆる負荷直線の式は，式 (13.7) のようになり，図に示すような直線 C となる．

$$i_D = -\frac{1}{R_L} v_D \tag{13.7}$$

この負荷直線とダイオードの特性曲線との交点を**動作点**（図中の点 Q）といい，その点が動作電圧，動作電流を示す．これから，出力電圧は V_{DQ}，出力電流は $-I_{DQ}$ となる．$R_L = 0$，つまり短絡状態にしたときには，式 (13.7) から負荷直線の傾きは ∞ となり，i_D 軸そのものが負荷直線となる．その軸と素子自身の特性曲線との交点より求められる電流値 $|-I_{sc}|$ を**短絡電流**（short circuit current）という．次に，$R_L \to \infty$，つまり開放状態にしたときには，式 (13.7) から，負荷直線の傾きは 0 となり，v_D 軸そのものが負荷直線となる．その軸と特性曲線との交点が動作点であり，$v_D = V_{oc}$（開放電圧）となる．つまり，開放時には，開放電圧 V_{oc} が発生する．最大電力は図で $V_{DQ}I_{DQ}$ 積（図中の長方形面積）が最大となる $V_m I_m$ である．光から電気への**変換効率**（conversion efficiency）η は，光入力を P_{in} として，次のように与えられる．

$$\eta = \frac{I_m V_m}{P_{in}} = \frac{FF I_{sc} V_{oc}}{P_{in}} \tag{13.8}$$

ここで，**FF** は**フィルファクタ**（**曲線因子**; fill factor）とよばれ，$FF = I_m V_m / I_{sc} V_{oc}$ で定義されて，理想的 i-v 特性 (式 (13.6)) にいかに近いかを表す．内部抵抗が大きいと，FF は小さな値となる．V_{oc} の最大値は，前に述べたように，原理的には pn 接合におけるビルトインポテンシャル V_{bi} である．つまり，E_G/q 程度であるといえる．現状の単結晶 Si よりなる太陽電池では，$V_{oc} = 0.7\,\text{V}$，$J_{sc} = 20\,\text{mA/cm}^2$，$FF = 0.83$，高効率なもので $\eta = 24\%$ 程度のものが得られている．

13.3.2 フォトダイオード

図 13.7 に，実際の構造に近い**フォトダイオード**（photodiode）構造を示す．基本的には，フォトダイオードは pn 接合構造からなっている．この pn 接合を逆バイアス状態にしておく．強く逆バイアスされているため，空乏層が大きく開き，図 (b) のように，エネルギー帯は強く曲がっている．p 層側から光を照射すると，図 (b) に示すように，p 層から n$^+$ 層にかけて，電子正孔対が生成される．これにより，光強度は図 (c) のように減衰する．空乏層内に生成された電子および正孔は，空乏層内の電界により n$^+$ 層および p 層に向かってそれぞれドリフトする．また，n$^+$ 層および p 層で発生した正孔および電子は，接合に向かって拡散により流れた後，空乏層中に入り，それ以後は空乏層内の電界でドリフトする．したがって，外部に電流が流れる．図 13.8

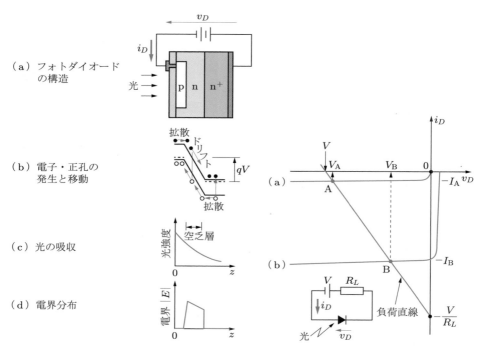

（a）フォトダイオード
　　の構造

（b）電子・正孔の
　　発生と移動

（c）光の吸収

（d）電界分布

図 13.7　フォトダイオードの動作　　　　図 13.8　フォトダイオードの特性

に，このダイオードの逆方向特性を示す．(a) の特性は光照射前であり，室温で生じた少数キャリヤの電子，正孔による逆方向飽和電流を示していて，その値は小さい．(b) の特性は，光照射後であり，上のキャリヤに光によって生成された電子正孔対が加わり，大きな逆方向電流が流れることを示している．実際に負荷抵抗 R_L がある場合の負荷直線をこの特性上に描くと，図のようになる．光照射前は点 A が示すダイオード電流（I_A），電圧（V_A）だったのが，光照射後は，点 B が示す電流（I_B），電圧（V_B）となる．このことは，光照射によって，電流 i_D の大きさは I_A から I_B に増加することを示している．この電流は光強度の増加に比例して増加するので，直線性のよい光検出器が得られる．図 13.7 (d) に示すように，n 層のドナー密度が低いので，逆バイアスすると，電界の高い領域が長く，ドリフト効果が強く，高速応答動作が得られる．さらに，電子なだれが生じるように設けられた n 層をもつフォトダイオードは，**アバランシフォトダイオード**（APD）とよばれ，光感度が高いという特長をもっている．

13.4　半導体の発光現象

　半導体に一時的に熱を加えたり，光を照射したりすると，電子が結合手から飛び出て，結晶中を自由に動ける電子と正孔が図 13.3 に示したように生じる．その後，その電子は図 13.9 (a) に示すように**再結合**（recombination），つまり結合手に入り込み，元の状態にもどる．これをエネルギー帯図でみれば，図 (b) に示すように，伝導帯に励起された電子が価電子帯に遷移し，その際，エネルギーを光または熱として放出する．光として放出する現象を**自然放出**（spontaneous emission）という．また，光として放出する半導体を**直接遷移型**（direct transition type）とよぶ．GaAs, GaN などの化合物半導体がこれに相当する．一方，熱として放出，すなわち結晶を温めることによってエネルギーを消費するような半導体を**間接遷移型**（indirect transition type）とよぶ．Si, Ge などの単元素半導体がこれに相当する．化合物半導体の GaP は間接遷移型であるが，N をドープすると緑色発光する．

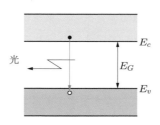

（a）電子と正孔の再結合　　（b）励起電子の遷移による発光

図 13.9　**再結合にともなう発光**

13.5　発光デバイス

13.5.1　発光ダイオード

　光を照射すれば，伝導帯に電子を，価電子帯に正孔を生成できるが，光を照射しなくても，n 型半導体を用いれば伝導帯に電子を，p 型半導体を用いれば価電子帯に正孔を生成できる．そこで，pn 接合を構成し，図 13.10 のようにそれに順方向バイアスを加えると，n 層の電子は p 層へ，p 層の正孔は n 層へと注入し，接合部で電子と正孔の密度が高まり，電子と正孔の再結合が生じる確率が高まる．このとき，電子はエネルギー状態の高い伝導帯から低い価電子帯へ遷移し，そのエネルギー差を光として放出する．この原理に基づく発光素子が**発光ダイオード**（light emitting diode; LED）である．発光効率を高めるようにした実用構造の GaAs 発光ダイオードの概念図を，

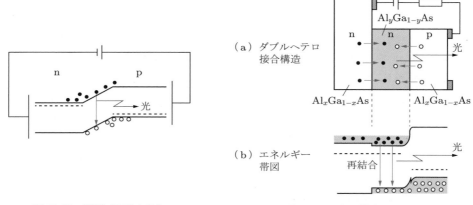

図 13.10　順バイアスされた pn 接合の発光	図 13.11　実用構造の LED

図 13.11 に示す．図 (a) に見るように，基本的には pn 接合であるが，pn 接合の n 層が二つの n 層から構成された nnp 構造をしている．さらに，図の三つの層とも，GaAs 結晶の Ga の一部を x または y の割合で Al に置き換えた 3 元の化合物半導体 AlGaAs を用いることにより，それぞれの層のエネルギーギャップの大きさを変えることができる．このようなエネルギーギャップの異なる二つの接合からなる構造を，**ダブルヘテロ接合構造**という．こうすることにより，図 13.11 (b) のエネルギー帯図の中央の n 層内つまり発光層に，電子と正孔をダムのように貯めて，発光の効率を上げ，さらに，その発光した光が右側の窓から出るまでの通過の途中で吸収されるのを防ぐことになるので，総合的な発光効率が高まる．

　発光波長は，電子が遷移して再結合するところの中央の n 層のエネルギーギャップで決まる．$Al_yGa_{1-y}As$ では，y の値により，$E_G = 1.99 \sim 1.42\,\mathrm{eV}$ とエネルギーギャップを変えることができ，式 (13.3) から，その波長は $623\,\mathrm{nm}$（赤色）$\sim 873\,\mathrm{nm}$（近赤外線）となる．さらに，4 元の化合物半導体を作ることもでき，紫色から赤色，さらに近赤外領域まで，様々な波長の光を発する LED を作ることができる．

13.5.2　半導体レーザダイオード

　半導体レーザダイオードは，発光ダイオードとその両端に設けられた反射鏡からなっている．図 13.12 (a)，(b) にその断面構造を，図 (c) に斜めからみた図を示す．図のように結晶のへき開面そのものが反射鏡として使用される．結晶は規則正しい構造をしているので，そのへき開面は平行平面となることと，へき開面の内側の GaAs 半導体と外側の空気との間で屈折率差が生じ，反射鏡となるからである．そのダイオード

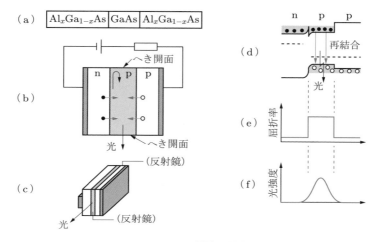

図 13.12   **LD の構造と発光機構**

は npp 接合からなり，上記の LED と同じくダブルヘテロ接合構造で構成される．こ
のダイオードに順方向バイアスを加えると，LED と同様に，図 (b)，(d) のように中
央の p 層に電子と正孔が注入され，電子は価電子帯に遷移し，そこの正孔と再結合し
て，エネルギーギャップに相当する波長の光を発する．この光のほとんどはへき開面
に向かう．これは，図 (e) に示すように，p 層の屈折率は隣接層のそれより大きくな
るので，図 (f) に示す光強度分布となるように，光の電磁界が p 層内に閉じ込められ
るからである．へき開面に達した光はそこで反射して，p 層内を戻る．この光は，別
ないい方をすれば p 層への入射光であるとみることもできる．一般に，入射光中での
電子と正孔の再結合による放出光の位相は，入射光中でもっとも強い光の位相と同一
となる．このような光の放出を**誘導放出**（stimulated emission）とよぶ．これが繰り
返されるので，同一位相の強い光が反射鏡間で構成された共振器内に閉じ込められる．
その光の一部が反射率が 100% でない反射鏡から取り出されて，**レーザ**（laser）**光**と
なる[†]．この種のダイオードを**レーザダイオード**（laser diode; LD）とよぶ．

図 13.13 に LED と LD の光出力のバイアス電流依存性の比較を，図 13.14 に発光
スペクトルの比較を示す．LED は自然放出光であるから，電流の小さいところでもそ
れに比例した発光出力が得られる．それに比較して，LD はある電流になると，誘導
放出が顕著に生じる．誘導放出は光が強ければ強いほど強く生じるからである．した
がって，光出力はある値の電流，つまり**しきい値電流**（threshold current）I_{th} で急
に増大する．また，LD は反射鏡ではさまれた部分が一種の光共振器として作用する

---

†　laser は，light amplification by stimulated emission of radiation（誘導放出による光の増幅）の頭文
字をとって名づけられた．

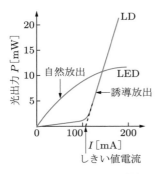

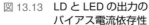

図 13.13　**LD と LED の出力の**
バイアス電流依存性

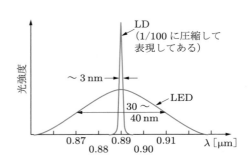

図 13.14　**LD と LED のスペクトルの違い**

ため，誘導放出がある波長で選択的に生じて発光するので，図 13.14 に示すような鋭
いスペクトルとなる．一方，LED では自然放出が主なので，図に示すように幅の広い
スペクトルを示す．

演習問題

13.1　波長 635 nm，光出力 10 mW のレーザダイオード光は，1 秒あたり何個のフォトンか
　　　らなっているか．

13.2　波長 904 nm のパルス光を発光する LD がある．パルス光幅 60 ns，光出力 10 W で発
　　　光させ，Si 結晶に照射すると，1 個のパルスごとに何個の電子正孔対が生成するか．

13.3　Si 結晶中に光で電子正孔対を生成するためにはどんな波長の光が必要か．

13.4　波長 800 nm の光を Si 結晶に照射した．その光の強さが $1/e$ になるのは結晶表面から
　　　どのくらいの深さのところか．

13.5　太陽電池の開放電圧 V_{oc} の大きさの限界は，半導体材料のどんな因子で決定されるか．

13.6　発光結晶層が GaN($E_G = 3.3\,\text{eV}$)，GaP($2.26\,\text{eV}$)，GaAlAs($1.88\,\text{eV}$)，GaAs($1.42\,\text{eV}$)，
　　　InGaAsP（$0.95\,\text{eV}$）の発光波長はいくらか．また，その発光は何色か．

第14章 パワーデバイス

　高い電圧を加えたり，大きな電流を流すことができる電力制御用の半導体素子をパワーデバイスとよぶ．整流ダイオード，サイリスタ，トライアック，パワートランジスタ（パワー MOSFET，絶縁ゲートバイポーラトランジスタ（IGBT））などがある．定格電圧，定格電流は用途に応じて様々であるが，定格電圧は商用電源に対応した 600 V と 1200 V が一般的で，定格電流は 1 A から 1000 A 以上と幅が広い．また，鉄道車両には 3300 V～4500 V，変電所などの制御用には 4500 V～8000 V の定格電圧をもつ素子が用いられる．

サイリスタ

14.1.1　ショックレーダイオード

　図 14.1 (a) に示すような，p_1，n_1，p_2，n_2 と名づけた四つの層よりなる pnpn 接合ダイオードを考える．これらの層は，図 (b) に示す不純物密度をもつものとする．p_1 側をアノード，n_2 側をカソードとよび，カソードを接地するものとする．このダイオー

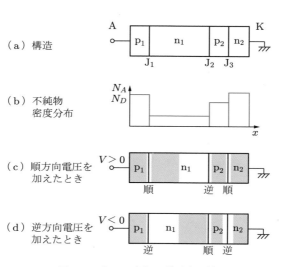

図 14.1　ショックレーダイオード

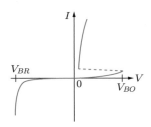

図14.2　ショックレーダイオードの電流−電圧特性

ドをショックレーダイオードという．その電圧−電流特性を図14.2に示す．電圧を正方向に増加させていくと，**順方向阻止電圧**（foward blocking voltage）V_{BO}という特定の電圧に達したときに，アノード−カソード間の電圧が急激に減少して，大きな電流が流れる．つまり，スイッチが導通状態となる．

　このスイッチの動作原理について説明する．いま，アノードに正の電圧が加わると，接合J_1は順方向に，J_2は逆方向に，J_3は順方向にバイアスされる．

　したがって，加えた電圧Vの大部分は逆バイアスされたJ_2に加わり，図14.1 (c)のようにJ_2に幅の大きな空乏層が形成される．その空乏層の大部分は，不純物密度が小さいn_1層に形成される．加える電圧を大きくし，順方向阻止電圧V_{BO}に達すると，J_2の空乏層内で，6.2節で述べた電子なだれが発生する．それによって生成された電子と正孔は，それぞれn_1とp_2の中性領域に流入する．その結果，J_1とJ_3の拡散電位による電位障壁が低下し，p_1からJ_1を通してp_2へ正孔が，n_2からJ_3を通してn_1へ電子が注入される．すると，J_2の空乏層内の不純物イオンによる空間電荷密度が減少し，J_2の空乏層両端の電位差が低下する．その分だけJ_1，J_3に加わる順方向電圧が増大するから，p_1およびn_2からそれぞれ注入される正孔および電子の量がさらに増大し，pnpn接合両端の端子間電圧が急激に減少し，アノードとカソード間は**導通状態**（**ターンオン**；turn on）となる．

　電圧Vが負の場合，図14.1 (d)に示すように，J_1とJ_3が逆バイアス，J_2が順バイアスとなり，上述のような現象は発生しない．このときの耐圧V_{BR}を**逆方向阻止電圧**（reverse blocking voltage）とよぶ．V_{BR}は，もっとも不純物密度の小さいn_1によって形成される接合J_1の降伏電圧によって決定されることになる．

14.1.2　サイリスタ（SCR）

　ショックレーダイオードのp_2領域に第3の電極（ゲート電極）を設け，これに制御電流を流して，順方向電圧がV_{BO}以下でもターンオンできるようにしたものが，**サイリスタ**（thyristor）あるいは**SCR**（silicon controlled rectifier）とよばれる素子

である．電子なだれによって生成された正孔が p_2 領域に流入し，それが n_2 からの電子の注入を生じさせて導通状態を引き起こすのであるから，正孔をゲート電極から注入すれば，$V < V_{BO}$ でもターンオン可能である．ゲート電流が大きくなればなるほど低い電圧でターンオンする．この様子を，図 14.3 にサイリスタの記号とともに示す．また，ゲート電流を逆方向に流すことでターンオフ（遮断状態）を可能にした**ゲートターンオフサイリスタ**（gate turn-off thyristor; GTO）もある．

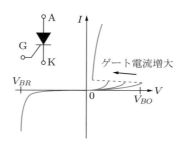

図 14.3　**サイリスタの特性**

サイリスタの簡単な応用例に，図 14.4 に示す電力制御回路がある．順方向に電圧が加わると，ゲートに接続した抵抗 R_G の大きさによって変化する電圧でターンオンし，電流が流れ始める．導通させることを**点弧**（fire）という．いったん点弧すると，導通状態は端子間電圧がゼロになるまで続き，その後，負の電圧期間は電流が流れない．導通する電圧を制御することによって，電流の平均値を変化させることができる．点弧はゲートにパルス状に電流を流すことでも可能であり，その方が無駄な電力消費が少ない．

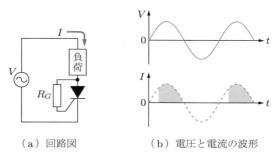

（a）回路図　　　　　（b）電圧と電流の波形

図 14.4　**サイリスタを用いた電力制御の例**

14.2 トライアック

交流の正負両方向の電圧に対して制御を行える交流電力制御素子として，**トライアック**（triac）がある．図 14.5 (a) のように，2 個のサイリスタを逆並列に接続した構造をもつ．これを用いると，図 (b) の回路で正負両方向の電圧範囲で電流制御を行える．

点弧の機構について考えてみる．電圧は，端子 T_1 を基準（電位ゼロ）として考えを進める．T_2 の電圧が正のとき，素子の左半分は T_1 をカソード，T_2 をアノードとするサイリスタに順方向の電圧が加わった状態になる．一方の右半分は逆方向であるので導通しない．この状態でゲートに正の電圧を加えると，図 14.6 (a) のように，p 型部分に接触したゲート電極から正孔が注入され，前節の説明と同じように，$n_2 p_2$ の接合が順バイアスされて，n_2 から n_1 に電子が注入され，左半分のサイリスタがターンオンする．

逆に，T_2 に負の電圧が加わると，左半分は逆方向，右半分は順方向になる．ゲートを T_1 に対して負にバイアスすると，n_4（エミッタ），p_2（ベース），n_1（コレクタ）よりなる npn バイポーラトランジスタのエミッタ – ベース間が順方向にバイアスされ，n_4

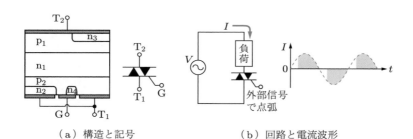

（a）構造と記号　　　　　（b）回路と電流波形

図 14.5　トライアックの構造とその応用例

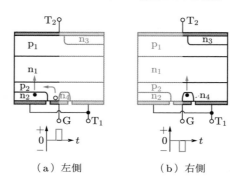

（a）左側　　　　（b）右側

図 14.6　トライアックの点弧原理

（エミッタ）から p_2（ベース）に電子が注入される．その一部が n_1（コレクタ）に流れ込み，n_1 中の電子密度を上昇させ，T_2 と T_1 間の電圧の大部分を支えている $p_1 n_1$ 接合の n_1 中の空乏層を縮小させる．その結果，上述したショックレーダイオードの場合と同様に，$p_2 n_1$ 接合，$p_1 n_3$ 接合の順方向電圧が増加し，ターンオンにいたる．

(14.3) パワー MOSFET

図 11.8 に示した断面構造をもつ通常の MOSFET のドレーン電圧を大きくすると，やがてドレーン電流が急激に増大し，ゲートで制御できない大きなドレーン電流が流れる (図 14.7 (a))．これは，チャネル部分のドレーン付近が高電界になるために発生する電子なだれによるものである．高い電圧のスイッチングを行おうとする場合，ドレーン付近の電界を弱めて，この異常な電流の増加を抑止する必要がある．そのためには，図 (b) に示すように，ドレーンの n^+ 領域をチャネル部分から遠ざけて配置し，n^+ 領域とチャネルの間に，n^+ 領域よりも不純物密度の小さい n 型層を入れる構造にすればよい．これにより，n 型層の一部を空乏化させてドレーン付近の空乏層の幅を大きくし，電界を弱くすることができる．その結果，ドレーン付近の降伏を抑制し，耐圧を大きくできる．この n 型層を**ドリフト**（drift）とよぶ．

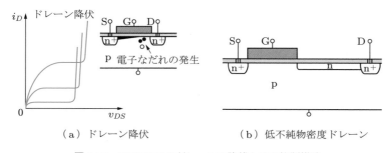

（a）ドレーン降伏   （b）低不純物密度ドレーン

図 14.7　MOSFET のドレーンの降伏とその抑制構造

一方，パワーデバイスは，大きな電流を流すために，導通したときの素子の抵抗（**オン抵抗**, on resistance）をできるだけ小さくする必要がある．抵抗が大きいと素子内で大きなジュール熱が発生し，その冷却のための周辺部品の体積が大きく，重量が大きくなってしまうからである．そのためには，半導体上面のソース領域をできるだけ高密度に配置することが有効である．そこで，図 (b) の n 型ドリフトを縦に配置し，n^+ ドレーンを半導体の下面に配置した図 14.8 の構造がパワー MOSFET として利用される．この構造を作製する際，チャネル反転層を形成する p 型領域とソースの n^+ 領域を，半導体表面から二重に熱拡散する手法を使うことから，これを**二重拡散 MOSFET**

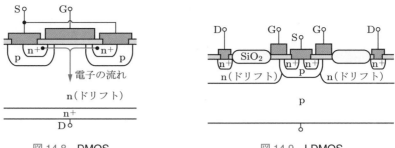

図 14.8　DMOS　　　　　　　　　　　図 14.9　LDMOS

（double diffused MOSFET; DMOS）とよぶ．DMOS の耐圧は，p 型領域と n 型ド
リフト領域の pn 接合の降伏電圧で決まる．したがって，耐圧の大きなものほど n 型
ドリフト領域が厚く，その分，オン抵抗は大きくなる．

　一方，耐圧が数十 V 程度の場合，必要とされるドリフトの長さが大きくないので，
図 14.7 (b) のように横型に配置しても応用上差し支えのない大きさまでオン抵抗を下
げられる場合もある．また，上面にドレーン電極が存在した方が，実装も容易である．
そのため，図 14.9 に示す**横型二重拡散 MOS**（laterally double diffused MOSFET;
LDMOS）が，情報機器の電源や高周波の電力増幅用に利用されている．

14.4　IGBT

　図 14.10 に，**絶縁ゲートバイポーラトランジスタ**（insulated gate bipolar transistor;
IGBT）の断面構造を示す．DMOS と類似しているが，下側の n+ を p+ としていると
ころが異なる．p+ をコレクタとよぶ．導通は以下の機構による．

　ゲートに電圧を加えると，チャネルが形成され，それを通してエミッタとよばれる
上部の n+ 領域から DMOS のドリフトに相当する n 領域に電子が流れ込む．一方，エ
ミッタ電極と接続された p 領域と n（ドリフト）領域，p+ コレクタで pnp 型バイポー

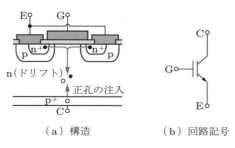

（a）構造　　　　　　　　（b）回路記号

図 14.10　IGBT

ラトランジスタを形成している．n 領域はこのバイポーラトランジスタのベースに相当する．そのため，n 型ベースに電子が流れ込むと，p^+ から正孔が注入される[†1]．その結果，n 領域は電子に加えて正孔も流れるので抵抗が大きく低下し[†2]，DMOS に比べてオン抵抗を低減できる．ゲート電圧を下げるとチャネルを通しての電子の供給はなくなり，導通時に n 型中に注入された正孔は，それ自身の寿命に従って n 型中の電子と再結合して消滅し，遮断状態となる．

IGBT は，DMOS に比べると，耐圧の高い素子でもオン抵抗を小さくできるという特長をもち，また，バイポーラトランジスタと比べると入力が絶縁されているため，駆動電力が小さく，かつ，電圧制御なので制御も容易という特長がある．

反面，DMOS に比べると，スイッチング動作させたときの損失が大きいという短所がある．これは，上述したように，ゲート遮断後も n 型中に注入された正孔が消滅するまでの間，いわゆる**テール電流**とよばれる電流が流れ続ける一方で，コレクタ電圧は遮断にともなって上昇することから，電流と電圧の積で決まる電力が消費されるためである．スイッチング動作時の電流と電圧の変化を図 14.11 に示す．テール電流を抑制するには，正孔の寿命を短くすればよいが，寿命を短くするとオン抵抗が増大するため，寿命が最適になるように半導体の性質を精密に制御する手法が用いられる．

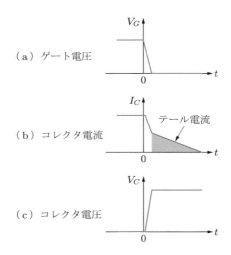

図 14.11　IGBT のターンオフ時の電圧と電流

---

†1　バイポーラトランジスタの動作からすれば，下側の p^+ がエミッタの役割を果たしている．
†2　**伝導度変調効果**という．

演習問題

14.1　Si を用いて作製した p^+n 接合ダイオードがある．n 型のドナー密度は $10^{21}\,\mathrm{m^{-3}}$ である．これに逆方向バイアスを加え，空乏層中の最大電界が $3 \times 10^7\,\mathrm{V/m}$ に達したときに電子なだれが発生するものとする．このダイオードについて，(1) 降伏が起こるときの空乏層幅，(2) 降伏電圧を求めよ．なお，拡散電位は，降伏電圧に比べて無視できる程度に小さいものとする．

14.2　n-Si に一定の速度で正孔を注入し，それを途中で停止した．正孔の寿命を $10^{-7}\,\mathrm{s}$ とするとき，注入を停止してから正孔の密度が 1/10 に減少するまでの時間を求めよ．

14.3　問表 14.1 の諸元をもつ n チャネルパワー MOSFET の $v_{DS} \cong 0$ におけるドレーン–ソース間の抵抗を求めよ (ヒント：式 (11.14) を用いよ)．

問表 14.1

項　目	値
ゲート酸化膜厚 t_{ox}	30 nm
チャネル長 L	1 μm
チャネル幅 W	10 μm
ゲート電圧 v_{GS}	15 V
しきい値電圧 V_{th}	+1 V
電子移動度 μ_n	$0.05\,\mathrm{m^2/V \cdot s}$

演習問題解答

1.1　ホウ素原子, ガリウム原子, リン原子それぞれの原子価は, 3, 3, 5 なので, 価電子数もそれぞれ, 3, 3, 5 個である.

1.2　(1) 図 1.5 から, 原子は単位胞の内側に 4 個, 6 面体の面の中心に 6 個あるが, それは隣りの単位胞の面にも共有されているので, 1 単位胞あたりは 6/2 = 3 個, そして単位胞の八つの角に 1 個ずつあるが, これも隣りの七つの単位胞の角としても共有されているので, 1 単位胞あたりは 8/8 = 1 個となる. したがって, 単位胞あたりの原子数は 4 + 3 + 1 = 8 個となる.

(2) Si 単結晶の単位胞の 1 辺の長さ, つまり格子定数が 5.43 Å なので, (1) の結果を用いて, $8/(5.43 \times 10^{-10})^3 = 5.00 \times 10^{28}$ 個/m^3 となる.

(3) 1 個の Si 原子は, 4 個の価電子をもっている. 単位胞あたりの原子数は (1) で求めたように 8 個なので, 価電子数は $8 \times 4 = 32$ 個である.

(4) (2) で求めた原子密度を使って, 価電子密度は $5.00 \times 10^{28} \times 4 = 2.00 \times 10^{29}$ 個/m^3 となる.

1.3　アボガドロ定数が $6.02 \times 10^{23}\,\mathrm{mol}^{-1}$ であるから, 次のようになる.

$$\frac{6.02 \times 10^{23}}{28.1 \times 10^{-3}} \times 2.33 \times 10^3 = 4.99 \times 10^{28}\ \mathrm{m}^{-3}$$

1.4　結晶層の体積 $= 0.2 \times 10^{-6} \times 0.2 \times 10^{-6} \times 100 \times 10^{-10} = 4.0 \times 10^{-22}\,\mathrm{m}^3$

層中の価電子数は, 問題 1.2 (4) の結果を用いて, $2.00 \times 10^{29} \times 4.0 \times 10^{-22} = 8.0 \times 10^7$ 個となる.

1.5　式 (1.4) から, 電子のもつエネルギーは $n = 3$ の方が高い.

1.6　$\left(\dfrac{1}{\infty},\ -\dfrac{1}{a},\ \dfrac{1}{a} \right)$, $(0,\ -1,\ 1)$

1.7　(1) x 軸方向に a だけ離れた面間の距離 l なので, $l = a = 0.543\,\mathrm{nm}$ となる.

(2) $l = a/\sqrt{2} = 0.384\,\mathrm{nm}$

(3) 二つの面は (111) 面であり, それらの面に直交する軸は [111] 軸である. その [111] 軸と底面の対角線とのなす角 θ は,

$$\cos\theta = \frac{0.543\sqrt{2}}{\sqrt{(0.543\sqrt{2})^2 + 0.543^2}} = \frac{0.543\sqrt{2}}{\sqrt{3 \times 0.543^2}} = \sqrt{\frac{2}{3}}$$

となる. よって, 原点から, $x = 2a$, $y = 2a$, $z = 2a$ と交わる面までの距離 d は, $d = 0.543\sqrt{2}\cos\theta = 0.543 \times 2/\sqrt{3}$ となる. 求める面間距離 l は, 中点連結定理より, 上の

距離の半分なので，$l = 1/2 \times 0.543 \times 2/\sqrt{3} = 0.314\,\mathrm{nm}$ となる.

1.8　図 1.5 を参照して，(100) 面内の正味の原子数は，面の中心で 1 個，四つの角で $4 \times 1/4$ 個の合計で 2 個である. よって，次のようになる.

$$面密度 = \frac{2}{(0.543 \times 10^{-9})^2} = 6.78 \times 10^{18}\,\mathrm{m^{-2}}$$

第 2 章

2.1　向心力（クーロン力）＝ 遠心力の関係から，次のようになる.

$$\frac{1}{4\pi\varepsilon}\frac{q^2}{r_n{}^2} = m_e\frac{v^2}{r_n} \quad \therefore \quad \frac{1}{2}m_e v^2 = \frac{1}{8\pi\varepsilon}\frac{q^2}{r_n}$$

2.2　1 原子あたりの混成軌道の準位数は 4 で，Si の原子密度は $5.00 \times 10^{28}\,\mathrm{m^{-3}}$ なので，その層の体積中には $4 \times 5.00 \times 10^{28} \times 100 \times 10^{-10} \times 0.2 \times 10^{-6} \times 0.2 \times 10^{-6} = 8.0 \times 10^7$ 本の準位がある.

2.3　1 本のエネルギーレベルに 1 個の電子が入れるので，問題 2.2 の答を参照して，8.0×10^7 個である.

2.4　解図 2.1 のように示せる.

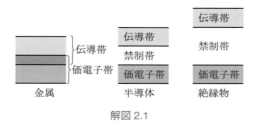

解図 2.1

2.5　禁制帯幅エネルギー E_G を超える大きさのエネルギー.

2.6　$kT/q = (1.38 \times 10^{-23} \times 300)/1.60 \times 10^{-19} = 2.59 \times 10^{-2}\,\mathrm{eV}$

第 3 章

3.1　伝導電子と正孔.

3.2　熱や光によって原子の結合手から出た電子と，その抜け孔としてできた正孔.

3.3　ヒ素をドープした場合，その原子価は 5 なので，n 型となる. また，ホウ素をドープした場合，その原子価は 3 なので，p 型となる.

3.4　n 型半導体：ドナーから生成された電子と，熱や光によって結合手から出た電子と，その抜け孔としてできた正孔.
　　p 型半導体：アクセプタから生成された正孔と，熱や光によって結合手から出た電子と，その抜け孔としてできた正孔.

3.5　ドープ量が p 型不純物密度より少ない場合，p 型半導体であるが，n 型不純物のドープ量を増し，n 型不純物密度 ＝ p 型不純物密度の場合は真性半導体と等価となり，さらに

ドープ量を増して，n 型不純物密度が p 型不純物密度より多くなると n 型半導体に反転する．

3.6　リン原子は＋イオン，ホウ素原子は－イオンとなる．

3.7　不純物原子は Si 結晶中の格子位置に固定して存在している．それがイオン化して不純物イオンとなったのであるから，そのイオンは動けない．

第 4 章

4.1　$np = n_i^2$ から，次のようになる．

$$p = \frac{n_i^2}{n} = \frac{(1.5 \times 10^{16})^2}{10^{23}} = 2.25 \times 10^9 \, \text{m}^{-3}$$

4.2　室温でホウ素原子はほぼすべて正孔を生成するので，正孔密度 ≅ ホウ素原子密度であり，$p = 10^{23} \, \text{m}^{-3}$ とおける．$pn = n_i^2$ から，次のようになる．

$$n = \frac{n_i^2}{p} = \frac{(1.5 \times 10^{16})^2}{10^{23}} = 2.25 \times 10^9 \, \text{m}^{-3}$$

4.3　(1) 式 (4.13) を用いて，次のようになる．

$$n_i = \sqrt{N_c N_v} \exp\left(\frac{-E_G}{2kT}\right)$$

$$= \sqrt{2.8 \times 10^{25} \times 1.04 \times 10^{25}} \exp\left(\frac{-1.12 \times 1.60 \times 10^{-19}}{2 \times 1.38 \times 10^{-23} \times 300}\right)$$

$$= 1.71 \times 10^{25} \times 4.00 \times 10^{-10} = 6.84 \times 10^{15} \, \text{m}^{-3}$$

$n_i = p_i$ なので，$p = 6.84 \times 10^{15} \, \text{m}^{-3}$ となる．

　ここで求められた n_i の値は，通常用いられている $1.5 \times 10^{16} \, \text{m}^{-3}$ の値とは，少し異なる（p.21 参照）．

(2) $n = N_D + n_i = 10^{17} + 6.84 \times 10^{15} = 1.068 \times 10^{17} \, \text{m}^{-3}$, $np = n_i^2 = (6.84 \times 10^{15})^2$ なので，次のようになる．

$$p = \frac{(6.84 \times 10^{15})^2}{1.068 \times 10^{17}} = 4.38 \times 10^{14} \, \text{m}^{-3}$$

(3) 式 (4.13) を用いて，次のようになる．

$$n_i = \sqrt{N_c N_v} \exp\left(\frac{-E_G}{2kT}\right)$$

$$= \sqrt{2.8 \times 10^{25} \times 1.04 \times 10^{25}} \exp\left(\frac{-1.12 \times 1.60 \times 10^{-19}}{2 \times 1.38 \times 10^{-23} \times 400}\right)$$

$$= 1.71 \times 10^{25} \times 8.94 \times 10^{-8} = 1.53 \times 10^{18} \, \text{m}^{-3}$$

よって，$n = N_D + n_i = 10^{17} + 1.53 \times 10^{18} = 1.63 \times 10^{18} \, \text{m}^{-3}$, $p = n_i^2/n = (1.53 \times 10^{18})^2/1.63 \times 10^{18} = 1.44 \times 10^{18} \, \text{m}^{-3}$ となる．

(4) (1)〜(3) の解答を整理すると，次表のようになる.

	300 K	400 K
不純物で生成された電子密度 [m^{-3}]	10^{17}	10^{17}
不純物と熱で生成された電子密度の和 [m^{-3}]	1.068×10^{17}	1.63×10^{18}
正孔密度 [m^{-3}]	4.38×10^{14}	1.44×10^{18}

300 K では 電子密度 > 正孔密度 であるのに対し，400 K では 電子密度 $\cong$ 正孔密度 であるので，400 K の結晶の方が真性半導体に近い.

4.4 式 (4.27)，(4.28) を用いて，次のようになる.

$$E_{fn} - E_v = E_i + \frac{kT}{q} \ln \frac{N_D}{n_i} = \frac{1.12}{2} + \frac{1.38 \times 10^{-23} \times 300}{1.60 \times 10^{-19}} \ln \frac{10^{23}}{1.5 \times 10^{16}}$$
$$= 0.967 \, \text{eV}$$

$$E_{fp} - E_v = E_i - \frac{kT}{q} \ln \frac{N_A}{n_i} = \frac{1.12}{2} - \frac{1.38 \times 10^{-23} \times 300}{1.60 \times 10^{-19}} \ln \frac{10^{23}}{1.5 \times 10^{16}}$$
$$= 0.153 \, \text{eV}$$

4.5 正味のドナー密度 $= N_D - N_A = 2 \times 10^{23} - 2 \times 10^{22} = 1.8 \times 10^{23} \, \text{m}^{-3}$

4.6 $n = N_D$ とおいた式 (4.7)，$p = N_A$ とおいた式 (4.11) を変形して得られる.

第 5 章

5.1 電子の速度 $v_n = \mu_n E = 0.15 \times 100 \times 10^3 = 1.5 \times 10^4 \, \text{m/s}$
正孔の速度 $v_p = \mu_p E = 0.05 \times 100 \times 10^3 = 0.5 \times 10^4 \, \text{m/s}$

5.2 $E = V/d = 100 \, \text{V}/0.01 \, \text{m} = 10^4 \, \text{V/m}$，図 5.6 を用いると，$\mu_n = 0.15 \, \text{m}^2/\text{V·s}$ と求められる. よって，$v_n = \mu_n E = 0.15 \times 10^4 = 1.5 \times 10^3 \, \text{m/s}$ となる.

5.3 図 5.6 を用いると，$\mu_n = 0.08 \, \text{m}^2/\text{V·s}$ だから，次のようになる.

$$J = qn\mu_n E = 1.60 \times 10^{-19} \times 10^{23} \times 0.08 \times 10^3 = 1.3 \times 10^6 \, \text{A/m}^2$$

5.4 図 5.7 を用いて，抵抗率から不純物密度を求めると，$N_A = 10^{23} \, \text{m}^{-3}$ である. このときの移動度 μ_n は，図 5.6 から $0.08 \, \text{m}^2/\text{V·s}$ と求められる. 少数キャリヤの移動度もこの値とすれば，アインシュタインの関係式 (5.16) を用いて，次のようになる.

$$D_n = \frac{k}{q} \mu_n T = \frac{1.38 \times 10^{-23}}{1.60 \times 10^{-19}} \times 0.08 \times 300 = 2.07 \times 10^{-3} \, \text{m}^2/\text{s}$$

5.5 (1) $p \cong N_A = 10^{22} \, \text{m}^{-3}$

(2) 図 5.6 より，次のようになる.

$$\mu_p = 0.042 \, \text{m}^2/\text{V·s}$$

$$\sigma = qp\mu_p = 1.60 \times 10^{-19} \times 10^{22} \times 0.042 = 67.2 \, \text{S/m}$$

(3) $\rho = 1/\sigma = 1/67.2 = 0.015 \, \Omega \cdot \text{m}$

(4) $R = \rho \dfrac{l}{S} = 0.015 \times \dfrac{4 \times 10^{-3}}{0.2 \times 10^{-3} \times 0.2 \times 10^{-3}} = 1.5 \times 10^3 \, \Omega$

(5) $I = \dfrac{1.5}{1.5 \times 10^3} = 1\,\mathrm{mA}$

(6) $v = \mu_p E = 0.042 \times \dfrac{1.5}{4 \times 10^{-3}} = 15.8\,\mathrm{m/s}$

第6章

6.1　式 (6.2) を用いて，次のようになる．

$$V_{bi} = \frac{kT}{q} \ln \frac{N_D N_A}{n_i{}^2} = \frac{1.38 \times 10^{-23} \times 300}{1.60 \times 10^{-19}} \ln \frac{10^{26} \times 10^{23}}{(1.5 \times 10^{16})^2} = 0.992\,\mathrm{V}$$

6.2　$L_n = \sqrt{D_n \tau_n} = \sqrt{5 \times 10^{-3} \times 10^{-8}} = 7.07 \times 10^{-6}\,\mathrm{m} = 7.07\,\mu\mathrm{m}$

　　$L_p = \sqrt{D_p \tau_p} = \sqrt{10^{-3} \times 10^{-9}} = 1.00 \times 10^{-6}\,\mathrm{m} = 1.00\,\mu\mathrm{m}$

6.3　$I_s = q\left(\dfrac{D_n}{L_n} n_{po} + \dfrac{D_p}{L_p} p_{no}\right) S = q\left(\sqrt{\dfrac{D_n}{\tau_n}}\dfrac{n_i{}^2}{N_A} + \sqrt{\dfrac{D_p}{\tau_p}}\dfrac{n_i{}^2}{N_D}\right) S$

$$= 1.60 \times 10^{-19} \left(\sqrt{\frac{5 \times 10^{-3}}{10^{-8}}} \frac{(1.5 \times 10^{16})^2}{10^{23}} + \sqrt{\frac{10^{-3}}{10^{-9}}} \frac{(1.5 \times 10^{16})^2}{10^{26}}\right) \times 10^{-7}$$

$$= 1.60 \times 10^{-19} (1.59 \times 10^{12} + 2.25 \times 10^9) \times 10^{-7}$$

$$= 2.54 \times 10^{-14}\,\mathrm{A}$$

6.4　式 (6.21) を変形して，次のようになる．

$$v_D = \frac{kT}{q} \ln\left(\frac{i_D}{I_s} + 1\right) = \frac{1.38 \times 10^{-23} \times 300}{1.60 \times 10^{-19}} \ln\left(\frac{50 \times 10^{-3}}{2.54 \times 10^{-14}} + 1\right) = 0.73\,\mathrm{V}$$

6.5　逆方向電流は，熱で発生した n 領域中の正孔と p 領域中の電子で構成される．温度が一定ならば電子，正孔の熱的発生量は一定なので，逆バイアスを増加しても逆方向電流は増加せず，つまり飽和する．

第7章

7.1　式 (7.13) と問題 6.1 の解である V_{bi} より，次のようになる．

$$C_d = S\sqrt{\frac{q\varepsilon N_A N_D}{2(N_A + N_D)}} \frac{1}{\sqrt{V_{bi} - V}}$$

$$= 10^{-7} \sqrt{\frac{1.60 \times 10^{-19} \times 11.9 \times 8.85 \times 10^{-12} \times 10^{23} \times 10^{26}}{2(10^{23} + 10^{26})}} \frac{1}{\sqrt{0.992 - (-8)}}$$

$$= 30.5\,\mathrm{pF}$$

7.2　式 (7.14) を用いて，次のようになる．

$$l_d = \sqrt{\frac{2\varepsilon}{q} \frac{(N_A + N_D)}{N_A N_D} (V_{bi} - V)}$$

$$= \sqrt{\frac{2 \times 11.9 \times 8.85 \times 10^{-12}}{1.60 \times 10^{-19}} \frac{(10^{23} + 10^{26})}{10^{23} \times 10^{26}} \left\{0.992 - (-8)\right\}}$$

$$= 0.344\,\mu\mathrm{m}$$

7.3 $l_d = \dfrac{\varepsilon S}{C} = \dfrac{11.9 \times 8.85 \times 10^{-12} \times 10^{-7}}{30.5 \times 10^{-12}} = 0.345\,\mu\mathrm{m}$, この値は問題 7.2 で求めた値と一致する.

7.4 $l_d = \dfrac{\varepsilon S}{C} = \dfrac{11.9 \times 8.85 \times 10^{-12} \times 8 \times 10^{-7}}{40 \times 10^{-12}} \sim \dfrac{11.9 \times 8.85 \times 10^{-12} \times 8 \times 10^{-7}}{10 \times 10^{-12}}$

$$= 2.11 \sim 8.43\,\mu\mathrm{m}$$

7.5 式 (7.16) の右辺の分子分母を N_D で割って，$N_A/N_D \ll 1$ の条件を用いると，次式となる.

$$\frac{1}{C_d{}^2} = \frac{2}{S^2 q\varepsilon N_A}(V_{bi} - v_D)$$

7.6 $1/C^2$-V プロットにおける直線の傾き a は，問題 7.5 の答から

$$a = \frac{-2}{S^2 q\varepsilon N_A}$$

で与えられる．一方，傾きはグラフから $-1.2 \times 10^{21}\,\mathrm{F}^{-2}\,\mathrm{V}^{-1}$ と求められる.

$$N_A = \frac{-2}{S^2 q\varepsilon a} = \frac{-2}{(10^{-7})^2 \times 1.60 \times 10^{-19} \times 11.9 \times 8.85 \times 10^{-12} \times (-1.2 \times 10^{21})}$$

$$= 9.89 \times 10^{21}\,\mathrm{m}^{-3}$$

7.7 式 (7.20) を用いて，次のようになる.

$$C_{Dp} \cong \frac{q}{kT} I_n \tau_n = \frac{1.60 \times 10^{-19}}{1.38 \times 10^{-23} \times 300} \times 10 \times 10^{-3} \times 10^{-8} = 3860\,\mathrm{pF}$$

第 8 章

8.1 B-E 間は順バイアス，C-E 間は C-B 間が逆バイアスとなるように，解図 8.1 のようにつなぐ.

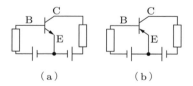

解図 8.1

8.2 npn トランジスタの動作で考えることにする．ベース電流を減少させると，ベース層へのベース電極からの正孔の補給が減少するため，ベースが負に帯電し，エミッタ–ベース間の電位障壁が高くなり，エミッタからベースへの電子の放出が減少する．したがって，コレクタに到達する電子が減少し，コレクタ電流が減少する.

8.3 たとえば，バイアス電源をつないだ解図 8.2 の回路で考える．I_B は流れるが，B-C 間は逆バイアスされているので，I_C は流れない．したがってトランジスタの動作をしない.

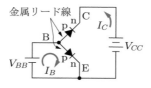

解図 8.2

8.4　式 (8.10) から，$\beta = 2L_n{}^2/W^2$ で与えられるので，次のようになる.

$$W = \sqrt{\frac{2L_n{}^2}{\beta}} = \sqrt{\frac{2 \times (7 \times 10^{-6})^2}{100}} = 9.90 \times 10^{-7}\,\text{m} = 0.990\,\mu\text{m}$$

8.5　式 (8.7) から，次のようになる.

$$t_B = \frac{W^2}{2D_n} = \frac{(10^{-6})^2}{2 \times 5 \times 10^{-3}} = 10^{-10}\,\text{s} = 0.1\,\text{ns}$$

8.6　0.7 V を超す電圧.

第 9 章

9.1　ショットキー障壁高さは式 (9.2) で与えられ，χ_s で決まる．χ_s は材料 Si で決まり，n-Si も p-Si も同一である．したがって，ショットキー障壁高さは変わらない.

9.2　式 (4.27) を用いて，次のようになる.

$$\text{Si: } q\Phi_s = q\chi_s + \left(\frac{E_G}{2} - \frac{kT}{q}\ln\frac{N_D}{n_i}\right)$$
$$= 4.05 + \left(0.56 - \frac{1.38 \times 10^{-23} \times 300}{1.60 \times 10^{-19}}\ln\frac{10^{22}}{1.5 \times 10^{16}}\right)$$
$$= 4.05 + (0.56 - 0.347) = 4.26\,\text{eV}$$
$$\text{GaAs: } q\Phi_s = 4.07 + \left(0.71 - \frac{1.38 \times 10^{-23} \times 300}{1.60 \times 10^{-19}}\ln\frac{10^{22}}{1.8 \times 10^{12}}\right)$$
$$= 4.07 + (0.71 - 0.580) = 4.20\,\text{eV}$$

9.3　式 (4.28) を用いて，次のようになる.

$$\text{Si: } q\Phi_s = q\chi_s + \left(\frac{E_G}{2} + \frac{kT}{q}\ln\frac{N_A}{n_i}\right)$$
$$= 4.05 + (0.56 + 0.347) = 4.96\,\text{eV}$$
$$\text{GaAs: } q\Phi_s = 4.07 + (0.71 + 0.580) = 5.36\,\text{eV}$$

9.4　式 (9.1) と上の問題 9.2，9.3 の答を用いて，次のようになる.

$$\text{n-Si: } qV_{bi} = q\Phi_M - q\Phi_s = 4.55 - 4.26 = 0.29\,\text{eV}$$
$$\text{n-GsAs: } qV_{bi} = q\Phi_M - q\Phi_s = 4.55 - 4.20 = 0.35\,\text{eV}$$
$$\text{p-Si: } qV_{bi} = q\Phi_M - q\Phi_s = 4.55 - 4.96 = -0.41\,\text{eV}$$

p-GsAs: $qV_{bi} = q\Phi_M - q\Phi_s = 4.55 - 5.36 = -0.81\,\mathrm{eV}$

$q\Phi_B$ は，式 (9.2) を用いて，次のようになる．

n-Si: $q\Phi_B = q\Phi_M - q\chi_s = 4.55 - 4.05 = 0.5\,\mathrm{eV}$

n-GsAs: $q\Phi_B = q\Phi_M - q\chi_s = 4.55 - 4.07 = 0.48\,\mathrm{eV}$

p-Si と p-GsAs の $q\Phi_B$ は上と同じである（∵ $q\chi_s$ は，n 型，p 型で同じ）．

9.5　n 型半導体: $q\Phi_M < q\Phi_s$，p 型半導体: $q\Phi_M > q\Phi_s$

9.6　SBD の方が低い電圧で電流が流れるので，pn 接合ダイオードにはほとんど電流が流れない．したがって，回路に流れる電流は SBD の特性で決定される．よって，$v_D = 0.3\,\mathrm{V}$である．

第 10 章

10.1　(1) 式 (9.1) と図 9.2，そして式 (4.27) を用いて，次のようになる．

$$V_{bi} = \Phi_D = \Phi_M - \Phi_s = \Phi_M - \left(\chi_s + \frac{E_c - E_{fn}}{q}\right)$$

$$= 4.96 - (4.07 + 0.054) = 0.836\,\mathrm{V}$$

ここで，$\dfrac{E_c - E_{fn}}{q} = \dfrac{E_G}{2q} - \dfrac{kT}{q}\ln\left(\dfrac{N_D}{n_i}\right)$

$$= 0.71 - \frac{1.38 \times 10^{-23} \times 300}{1.60 \times 10^{-19}}\ln\left(\frac{1.8 \times 10^{23}}{1.8 \times 10^{12}}\right)$$

$$= 0.71 - 0.656 = 0.054\,\mathrm{V}$$

(2) 式 (10.9) を用いて，次のようになる．

$$Y_2 = \sqrt{\frac{2\varepsilon V_{bi}}{qN_D}} = \sqrt{\frac{2 \times 12.9 \times 8.85 \times 10^{-12} \times 0.836}{1.60 \times 10^{-19} \times 1.8 \times 10^{23}}}$$

$$= \sqrt{66.3 \times 10^{-16}} = 0.0814\,\mu\mathrm{m}$$

(3) 式 (10.2) を用いて，次のようになる．

$$V_p = \frac{qN_D a^2}{2\varepsilon} = \frac{1.60 \times 10^{-19} \times 1.8 \times 10^{23} \times (0.2 \times 10^{-6})^2}{2 \times 12.9 \times 8.85 \times 10^{-12}} = 5.05\,\mathrm{V}$$

(4) 式 (10.1) の関係を用いて，$v_{DS} = V_p - V_{bi} = 5.05 - 0.836 = 4.21\,\mathrm{V}$ となる．

(5) 式 (10.13) に $v_{GS} = 0$ の条件を入れて，次のようになる．

$$i_D = \frac{q^2 N_D{}^2 \mu_n W a^3}{2\varepsilon L}\left\{\frac{1}{3} - \frac{V_{bi}}{V_p} + \frac{2}{3}\left(\frac{V_{bi}}{V_p}\right)^{3/2}\right\}$$

$$= \frac{(1.60 \times 10^{-19})^2 (1.8 \times 10^{23})^2 \times 0.80 \times 10 \times 10^{-6} \times (0.2 \times 10^{-6})^3}{2 \times 12.9 \times 8.85 \times 10^{-12} \times 1 \times 10^{-6}}$$

$$\times \left\{\frac{1}{3} - \frac{0.836}{5.05} + \frac{2}{3}\left(\frac{0.836}{5.05}\right)^{3/2}\right\}$$

$$= 0.232 \times 0.213 = 49.4 \, \mathrm{mA}$$

(6) 式 (10.13) に，$v_{GS} = -0.5 \, \mathrm{V}$ を代入し，(5) の結果を利用して，次のようになる．

$$i_D = 0.232 \left\{ \frac{1}{3} - \frac{0.836 + 0.5}{5.05} + \frac{2}{3} \left(\frac{0.836 + 0.5}{5.05} \right)^{3/2} \right\}$$
$$= 0.232 \times 0.159 = 36.9 \, \mathrm{mA}$$

10.2 (1) バイポーラトランジスタ（BJT）の動作では，エミッタからベース領域に注入されてくるキャリヤはその領域では少数キャリヤである．その少数キャリヤが増幅機構に関与しているので，少数キャリヤデバイスといわれる．MESFET のチャネルキャリヤは基板そのもののキャリヤであり，多数キャリヤである．その多数キャリヤを制御する増幅機構によっているので，多数キャリヤデバイスといわれる．

(2) BJT のベースを走行するキャリヤは少数キャリヤであり，温度が上昇すると，その少数キャリヤ密度は大きく増加し，最終的に熱暴走を起こす．MESFET では，そのチャネルを走行するキャリヤはその半導体層の伝導型と同じ多数キャリヤである．温度が上昇してもそのキャリヤ密度はほとんど変わらず，熱暴走を起こさない（関連問題：第 4 章の演習問題 4.3）．

第 11 章

11.1 半導体基板原子の結合手から，熱で励起された少数キャリヤ．

11.2 式 (11.8) を用いて，次のようになる．

$$V_{th} = \frac{\sqrt{4\varepsilon q N_A \phi_f}}{C_{ox}} + 2\phi_f$$
$$= \frac{\sqrt{4 \times 11.9 \times 8.85 \times 10^{-12} \times 1.60 \times 10^{-19} \times 1.5 \times 10^{21} \times 0.298}}{17.3 \times 10^{-3}} + 2 \times 0.298$$
$$= \frac{\sqrt{301 \times 10^{-10}}}{17.3 \times 10^{-3}} + 0.596 = 0.01 + 0.596 = 0.606 \, \mathrm{V}$$

ここで，$C_{ox} = \dfrac{\varepsilon_{ox}}{t_{ox}} = \dfrac{3.9 \times 8.85 \times 10^{-12}}{2 \times 10^{-9}} = 17.3 \times 10^{-3} \, \mathrm{F/m^2}$

$$\phi_f = \frac{E_i - E_{fp}}{q} = \frac{kT}{q} \ln \frac{N_A}{n_i}$$
$$= \frac{1.38 \times 10^{-23} \times 300}{1.60 \times 10^{-19}} \ln \left(\frac{1.5 \times 10^{21}}{1.5 \times 10^{16}} \right)$$
$$= 259 \times 10^{-4} \times 11.5 = 0.298 \, \mathrm{V}$$

11.3 Q_I はゲートの単位面積あたりの反転電荷である．その反転電荷層の厚みを t とすると，単位体積あたりの反転電荷は Q_I/t となる．よって，次のようになる．

$$i_D = \frac{Q_I}{t} \mu_n E_x W t = Q_I \mu_n E_x W$$

11.4　(1) 解図 11.1 のように，直流電源を蓄積動作になるような極性でつなぐ.

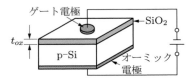

解図 11.1

(2) $t_{ox} = \dfrac{\varepsilon_{ox} S}{C} = \dfrac{3.9 \times 8.85 \times 10^{-12} \times 3.14 \times (250 \times 10^{-6})^2}{132 \times 10^{-12}} = 51.3\,\text{nm}$

11.5　C_{ox} は，

$$C_{ox} = \frac{\varepsilon_{ox}}{t_{ox}} = \frac{3.9 \times 8.85 \times 10^{-12}}{200 \times 10^{-10}} = 1.73 \times 10^{-3}\,\text{F/m}^2$$

である．式 (11.26) から，次のようになる.

$$N_{FB} = |-0.8| \times \frac{1.73 \times 10^{-3}}{1.60 \times 10^{-19}} = 8.65 \times 10^{15}\,\text{m}^{-2}$$

11.6　$10\,\Omega\cdot\text{cm} = 10^{-1}\,\Omega\cdot\text{m}$ であるから，図 5.7 を用いてアクセプタ密度を求めると，$N_A = 1.42 \times 10^{21}\,\text{m}^{-3}$ となる．フェルミレベル E_{fp} は，式 (4.28) を用いて，次のように求められる.

$$E_{fp} - E_v = 0.56 - \frac{1.38 \times 10^{-23} \times 300}{1.60 \times 10^{-19}} \ln \frac{1.42 \times 10^{21}}{1.5 \times 10^{16}} = 0.263\,\text{eV}$$

$$\text{p-Si の仕事関数 } \varPhi_s = 4.05 + (1.12 - 0.263) = 4.91\,\text{eV}$$

$$V_{FB} = \varPhi_M - \varPhi_s = 4.25 - 4.91 = -0.66\,\text{eV}$$

表面電荷によるシフト電圧分は $-0.8 - (-0.66) = -0.14\,\text{V}$ となる．N_{FB} は式 (11.26) より，次のようになる.

$$N_{FB} = 0.14 \times \frac{3.9 \times 8.85 \times 10^{-12}/(20 \times 10^{-9})}{1.60 \times 10^{-19}} = 1.51 \times 10^{15}\,\text{m}^{-2}$$

11.7　(1) $v_{DSsat} = v_{GS} - V_{th} = 3 - 1 = 2\,\text{V}$ であるので，$v_{DS} = 1\,\text{V}$ のときは $v_{DS} < v_{DSsat}$ となる．よって，線形領域動作である.

$$C_{ox} = \frac{\varepsilon_{ox}\varepsilon_0}{t_{ox}} = \frac{3.9 \times 8.854 \times 10^{-12}}{8 \times 10^{-9}} = 4.32 \times 10^{-3}\,\text{F/m}^2$$

と求められるので式 (11.14) に代入し

$$i_D = 0.05 \times 4.31 \times 10^{-3} \times \frac{1}{0.25} \times \left\{ (3-1) \times 1 - \frac{1}{2} \times 1^2 \right\}$$

$$= 1.30 \times 10^{-3}\,\text{A}$$

(2) $v_{DS} > v_{DSsat}$ なので飽和領域動作である．よって式 (11.16) を用いて $i_D = 1.728 \times 10^{-3}\,\text{A}$ となる.

(3) $v_{GS} = 3.1\,\mathrm{V}$ のとき，式 (11.16) を用いて $i_D = 1.905 \times 10^{-3}\,\mathrm{A}$．よって電流の増加分は，$\Delta i_D = 1.77 \times 10^{-4}\,\mathrm{A}$ となる．

(4) 式 (11.17) より，$g_m = 0.05 \times 4.3 \times 10^{-3} \times (1/0.25) \times (3 - 1) = 1.73 \times 10^{-3}\,\mathrm{S}$．よって $\Delta i_D = g_m \times \Delta v_{GS} = 1.73 \times 10^{-3} \times (3.1 - 3) = 1.73 \times 10^{-4}\,\mathrm{A}$ となり，(3) の値とほぼ一致する．

第 12 章

12.1　インダクタンスは大きな面積が必要であること，および，LSI の製造プロセスではコイルを作り難いこと．

12.2　抵抗負荷型回路では，入力がハイ，出力がローのときは，電源から接地へ，抵抗と MOSFET を通してつねに（回路を貫通する）電流が流れ，電力を消費する．CMOS はこの定常的な貫通電流が流れないので，この分の電力消費がない．

12.3　(1) DRAM セルは 2 素子，SRAM セルは 6 素子なので，DRAM の方が集積密度を高くできる．(2) リフレッシュ動作のない SRAM の方が高速にできる．

12.4　v_{CG} を，消去状態のしきい値電圧と書き込み状態のしきい値電圧の間の値にして，ドレーン電流の有無を検出すれば読み出しできる．

第 13 章

13.1　$P\,[\mathrm{W}]$ は $P\,[\mathrm{J/s}]$ なので，1 秒あたりのフォトン数を n とすると，次のようになる．

$$n = \frac{P}{h\nu} = \frac{10 \times 10^{-3}}{6.63 \times 10^{-34} \times \dfrac{3 \times 10^8}{635 \times 10^{-9}}} = 3.19 \times 10^{16}\ \text{個/s}$$

13.2　パルス光のエネルギーは，光出力 P とパルス光幅 T_w の積になる．それをフォトン 1 個あたりのエネルギー $h\nu$ で割ると求められる．

$$\text{電子正孔対数} = \text{フォトン数}\ n = \frac{PT_w}{h\nu} = \frac{10 \times 60 \times 10^{-9}}{6.63 \times 10^{-34} \times \dfrac{3 \times 10^8}{904 \times 10^{-9}}}$$

$$= 2.73 \times 10^{12}\ \text{個}$$

13.3　吸収端波長より短い波長 λ の光 (式 (13.3)) が必要となる．

$$\lambda < \frac{1.24}{1.12} = 1.11\,\mu\mathrm{m}$$

13.4　光の強さは物質中で，$e^{-\alpha z}$ で減衰する．波長 800 nm の Si の吸収係数 α を図 13.4 から求めると，$10^5\,\mathrm{m}^{-1}$ となる．$e^{-\alpha z}$ が $1/e$ になるときの z を求めればよいから，$\exp(-10^5 z) = e^{-1}$ より，$z = 10^{-5}\,\mathrm{m} = 10\,\mu\mathrm{m}$ となる．

13.5　開放電圧は $V_{bi} = (E_{fn} - E_{fp})/q$ で与えられる．E_{fn} の実用的な最大値は $E_{fn} = E_c$，E_{fp} の実用的な最小値は $E_{fp} = E_v$ のときである．したがって，開放電圧の限界は $(E_c - E_v)/q = E_G (\text{エネルギーギャップ})/q$ でおおむね与えられるといえる．

13.6 GaN: $\lambda = \dfrac{1.24}{E_G} = \dfrac{1.24}{3.3} = 0.376\,\mu\mathrm{m}$, 青紫色

GaP: $\lambda = \dfrac{1.24}{2.26} = 0.549\,\mu\mathrm{m}$, 緑色

GaAlAs: $\lambda = \dfrac{1.24}{1.88} = 0.660\,\mu\mathrm{m}$, 赤色

GaAs: $\lambda = \dfrac{1.24}{1.42} = 0.873\,\mu\mathrm{m}$, 近赤外線

InGaAsP: $\lambda = \dfrac{1.24}{0.95} = 1.31\,\mu\mathrm{m}$, 近赤外線

第 14 章

14.1 (1) p$^+$n 型接合であるから，空乏層の大部分は n 型中に形成される．最大電界 E_m と n 型中の空乏層幅 l_n の関係は，式 (7.7) より $E_m = (qN_D/\varepsilon)l_n$ と表せるから，次のようになる．

$$l_n = \frac{11.9 \times 8.85 \times 10^{-12}}{1.60 \times 10^{-19} \times 10^{21}} \times 3 \times 10^7 = 19.7\,\mu\mathrm{m}$$

(2) 式 (7.11) より，降伏電圧を V_B とすると，

$$l_n = \sqrt{\left(\frac{2\varepsilon}{qN_D}\right)(-V_B)}$$

と表せる．よって，次のようになる．

$$-V_B = \frac{1.60 \times 10^{-19} \times 10^{21}}{2 \times 11.9 \times 8.85 \times 10^{-12}} \times (1.97 \times 10^{-5})^2 = 295\,\mathrm{V}$$

14.2 過剰正孔密度 $p'(t)$ は，注入停止前の過剰正孔密度を p_0' とすると，$p'(t) = p_0'\, e^{-t/\tau}$ となる．よって，$t = -10^{-7} \times \ln(1/10) = 2.3 \times 10^{-7}\,\mathrm{s}$ となる．

14.3 $v_{DS} = 0$ 付近では MOSFET は線形領域動作であり，式 (11.14) より，

$$i_D = \frac{\mu_n C_{ox} W}{L}(v_{GS} - V_{th})v_{DS}$$

である．よって，$v_{DS} = 0$ 付近のドレーン－ソース間コンダクタンスは，

$$G = \frac{di_D}{dv_{DS}} = \frac{\mu_n C_{ox} W}{L}(v_{GS} - V_{th})$$

となる．これに，

$$C_{ox} = \frac{\varepsilon_{ox}}{t_{ox}} = \frac{3.9 \times 8.85 \times 10^{-12}}{30 \times 10^{-9}} = 1.15 \times 10^{-3}\,\mathrm{F/m^2}$$

と諸元数値を入れると，$G = 8.05 \times 10^{-3}\,\mathrm{S}$ となる．したがって，抵抗 $R = 1/G = 124\,\Omega$ となる．

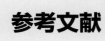

参考文献

[1] 古川静二郎：半導体デバイス，コロナ社（1982）

[2] A.S. Grove: Physics and Technology of Semiconductor Devices, John Wiley & Sons (1967)

[3] E.S. ヤン著，後藤俊成，中田良平，岡本孝太郎共訳：半導体デバイスの基礎，マグロウヒルブック（1983）

[4] J.N. シャイブ著，神山雅英，小林秋男，青木昌治，川路紳治共訳：半導体工学，岩波書店（1976）

[5] 古川静二郎，松村正清：電子デバイス〔I〕，〔II〕，昭晃堂（1980）

[6] S.M. Sze: Physics of Semiconductor Devices, 2nd ed., John Wiley & Sons (1981)

[7] R.S. Muller and T.I. Kamins: Device Electronics for Integrated Circuits, John Wiley & Sons (1977)

[8] 古川静二郎，浅野種正：超微細加工入門，オーム社（1989）

[9] S.M. ジー著，南日康夫，川辺光央，長谷川文夫訳：半導体デバイス—基礎理論とプロセス技術　第2版，産業図書（2004）

[10] D.A. Neaman: Semiconductor Physics and Devices, Basic Principles, 3rd ed., McGraw-Hill (2003)

[11] E.H. Nicollian, J.R. Brews: MOS (Metal Oxide Semiconductor) Physics and Technology, John Wiley & Sons（1982）

[12] S.M. Sze, Kwok K. Ng: Physics of Semiconductor Devices, 3rd ed., Jhon Wiley & Sons（2007）

付表 1　原子の電子配置

周期	元 素	K 1s	L 2s	L 2p	M 3s	M 3p	M 3d	N 4s	N 4p	N 4d	N 4f	O 5s	O 5p	O 5d	O 5f	P 6s	P 6p	P 6d	Q 7s
1	1. H	1																	
	2. He	2																	
2	3. Li	2	1																
	4. Be	2	2																
	5. B	2	2	1															
	6. C	2	2	2															
	7. N	2	2	3															
	8. O	2	2	4															
	9. F	2	2	5															
	10. Ne	2	2	6															
3	11. Na	2	2	6	1														
	12. Mg	2	2	6	2														
	13. Al	2	2	6	2	1													
	14. Si	2	2	6	2	2													
	15. P	2	2	6	2	3													
	16. S	2	2	6	2	4													
	17. Cl	2	2	6	2	5													
	18. Ar	2	2	6	2	6													
4	19. K	2	2	6	2	6		1											
	20. Ca	2	2	6	2	6		2											
	21. Sc	2	2	6	2	6	1	2											
	22. Ti	2	2	6	2	6	2	2											
	23. V	2	2	6	2	6	3	2											
	24. Cr	2	2	6	2	6	5	1											
	25. Mn	2	2	6	2	6	5	2											
	26. Fe	2	2	6	2	6	6	2											
	27. Co	2	2	6	2	6	7	2											
	28. Ni	2	2	6	2	6	8	2											
	29. Cu	2	2	6	2	6	10	1											
	30. Zn	2	2	6	2	6	10	2											
	31. Ga	2	2	6	2	6	10	2	1										
	32. Ge	2	2	6	2	6	10	2	2										
	33. As	2	2	6	2	6	10	2	3										
	34. Se	2	2	6	2	6	10	2	4										
	35. Br	2	2	6	2	6	10	2	5										
	36. Kr	2	2	6	2	6	10	2	6										
5	37. Rb	2	2	6	2	6	10	2	6			1							
	38. Sr	2	2	6	2	6	10	2	6			2							
	39. Y	2	2	6	2	6	10	2	6	1		2							
	40. Zr	2	2	6	2	6	10	2	6	2		2							

周期	元 素	K	L		M			N				O				P			Q
		1s	2s	2p	3s	3p	3d	4s	4p	4d	4f	5s	5p	5d	5f	6s	6p	6d	7s
	41. Nb	2	2	6	2	6	10	2	6	4		1							
	42. Mo	2	2	6	2	6	10	2	6	5		1							
	43. Tc	2	2	6	2	6	10	2	6	5		2							
	44. Ru	2	2	6	2	6	10	2	6	7		1							
	45. Rh	2	2	6	2	6	10	2	6	8		1							
	46. Pd	2	2	6	2	6	10	2	6	10									
5	47. Ag	2	2	6	2	6	10	2	6	10		1							
	48. Cd	2	2	6	2	6	10	2	6	10		2							
	49. In	2	2	6	2	6	10	2	6	10		2	1						
	50. Sn	2	2	6	2	6	10	2	6	10		2	2						
	51. Sb	2	2	6	2	6	10	2	6	10		2	3						
	52. Te	2	2	6	2	6	10	2	6	10		2	4						
	53. I	2	2	6	2	6	10	2	6	10		2	5						
	54. Xe	2	2	6	2	6	10	2	6	10		2	6						
	55. Cs	2	2	6	2	6	10	2	6	10		2	6			1			
	56. Ba	2	2	6	2	6	10	2	6	10		2	6			2			
	57. La	2	2	6	2	6	10	2	6	10		2	6	1		2			
	58. Ce	2	2	6	2	6	10	2	6	10	2	2	6			2			
	59. Pr	2	2	6	2	6	10	2	6	10	3	2	6			2			
	60. Nd	2	2	6	2	6	10	2	6	10	4	2	6			2			
	61. Pm	2	2	6	2	6	10	2	6	10	5	2	6			2			
	62. Sm	2	2	6	2	6	10	2	6	10	6	2	6			2			
	63. Eu	2	2	6	2	6	10	2	6	10	7	2	6			2			
	64. Gd	2	2	6	2	6	10	2	6	10	7	2	6	1		2			
	65. Tb	2	2	6	2	6	10	2	6	10	9	2	6			2			
	66. Dy	2	2	6	2	6	10	2	6	10	10	2	6			2			
	67. Ho	2	2	6	2	6	10	2	6	10	11	2	6			2			
	68. Er	2	2	6	2	6	10	2	6	10	12	2	6			2			
6	69. Tm	2	2	6	2	6	10	2	6	10	13	2	6			2			
	70. Yb	2	2	6	2	6	10	2	6	10	14	2	6			2			
	71. Lu	2	2	6	2	6	10	2	6	10	14	2	6	1		2			
	72. Hf	2	2	6	2	6	10	2	6	10	14	2	6	2		2			
	73. Ta	2	2	6	2	6	10	2	6	10	14	2	6	3		2			
	74. W	2	2	6	2	6	10	2	6	10	14	2	6	4		2			
	75. Re	2	2	6	2	6	10	2	6	10	14	2	6	5		2			
	76. Os	2	2	6	2	6	10	2	6	10	14	2	6	6		2			
	77. Ir	2	2	6	2	6	10	2	6	10	14	2	6	7		2			
	78. Pt	2	2	6	2	6	10	2	6	10	14	2	6	9		1			
	79. Au	2	2	6	2	6	10	2	6	10	14	2	6	10		1			
	80. Hg	2	2	6	2	6	10	2	6	10	14	2	6	10		2			
	81. Tl	2	2	6	2	6	10	2	6	10	14	2	6	10		2	1		
	82. Pb	2	2	6	2	6	10	2	6	10	14	2	6	10		2	2		

周期	元素	K	L		M			N				O				P			Q
		1s	2s	2p	3s	3p	3d	4s	4p	4d	4f	5s	5p	5d	5f	6s	6p	6d	7s
6	83. Bi	2	2	6	2	6	10	2	6	10	14	2	6	10		2	3		
	84. Po	2	2	6	2	6	10	2	6	10	14	2	6	10		2	4		
	85. At	2	2	6	2	6	10	2	6	10	14	2	6	10		2	5		
	86. Rn	2	2	6	2	6	10	2	6	10	14	2	6	10		2	6		
7	87. Fr	2	2	6	2	6	10	2	6	10	14	2	6	10		2	6		1
	88. Ra	2	2	6	2	6	10	2	6	10	14	2	6	10		2	6		2
	89. Ac	2	2	6	2	6	10	2	6	10	14	2	6	10		2	6	1	2
	90. Th	2	2	6	2	6	10	2	6	10	14	2	6	10		2	6	2	2
	91. Pa	2	2	6	2	6	10	2	6	10	14	2	6	10	2	2	6	1	2
	92. U	2	2	6	2	6	10	2	6	10	14	2	6	10	3	2	6	1	2
	93. Np	2	2	6	2	6	10	2	6	10	14	2	6	10	4	2	6	1	2
	94. Pu	2	2	6	2	6	10	2	6	10	14	2	6	10	6	2	6		2
	95. Am	2	2	6	2	6	10	2	6	10	14	2	6	10	7	2	6		2
	96. Cm	2	2	6	2	6	10	2	6	10	14	2	6	10	7	2	6	1	2
	97. Bk	2	2	6	2	6	10	2	6	10	14	2	6	10	8	2	6	1	2
	98. Cf	2	2	6	2	6	10	2	6	10	14	2	6	10	10	2	6		2
	99. Es	2	2	6	2	6	10	2	6	10	14	2	6	10	11	2	6		2
	100. Fm	2	2	6	2	6	10	2	6	10	14	2	6	10	12	2	6		2
	101. Md	2	2	6	2	6	10	2	6	10	14	2	6	10	13	2	6		2
	102. No	2	2	6	2	6	10	2	6	10	14	2	6	10	14	2	6		2
	103. Lr	2	2	6	2	6	10	2	6	10	14	2	6	10	14	2	6	1	2

付表 2　物理定数

物理量	記　号	数値（6 桁目四捨五入）
電気素量	q	1.6022×10^{-19} C
電子の静止質量	m_e	9.1094×10^{-31} kg
真空中の光速度	c	2.9979×10^{8} m/s
プランク定数	h	6.6261×10^{-34} J·s
ボルツマン定数	k	1.3806×10^{-23} J/K
アボガドロ定数	N_A	6.0221×10^{23} mol^{-1}
真空の誘電率	ε_0	8.8542×10^{-12} F/m
真空の透磁率	μ_0	1.2566×10^{-6} H/m
		$(= 4\pi \times 10^{-7})$

付表 3　Si, GaAs の物質定数

物理量	記号 [単位]	Si	GaAs
単位体積あたりの原子（分子）数	$N\,[\text{m}^{-3}]$	5.02×10^{28}	4.42×10^{28}
原子（分子）量	M	28.09	144.6
降伏電界	$E_B\,[\text{V/m}]$	$\sim 3 \times 10^7$	$\sim 4 \times 10^7$
密度	$\rho\,[\text{kg/m}^3]$	2.33×10^3	5.32×10^3
比誘電率	ε_r	11.9	12.9
伝導帯の実効状態密度	$N_c\,[\text{m}^{-3}]$	2.8×10^{25}	4.7×10^{23}
価電子帯の実効状態密度	$N_v\,[\text{m}^{-3}]$	1.04×10^{25}	7.0×10^{24}
電子親和力	$q\chi\,[\text{eV}]$	4.05	4.07
禁制帯幅	$E_G\,[\text{eV}]$	1.12	1.42
真性キャリヤ密度（300 K）	$n_i\,[\text{m}^{-3}]$	1.5×10^{16}	1.8×10^{12}
格子定数	$a\,[\text{nm}]$	0.543	0.565
融点	$T_m\,[^\circ\text{C}]$	1415	1238
伝導電子の有効質量比	m_n/m_e	0.98(L)	0.063
		0.19(T)	
伝導電子の移動度	$\mu_n\,[\text{m}^2/\text{V·s}]$	0.15	0.80
正孔の有効質量比	m_p/m_e	0.16(LH)	0.076(LH)
		0.49(HH)	0.5(HH)
正孔の移動度	$\mu_p\,[\text{m}^2/\text{V·s}]$	0.05	0.040
飽和速度	$v_s\,[\text{m/s}]$	10^5	10^5
熱伝導率	$K\,[\text{W/m·}^\circ\text{C}]$	131	46

Si の場合，$E_G = 1.16 - \alpha T^2/(T + \beta)\,[\text{eV}]$．ここで，$\alpha = 7.02 \times 10^{-4}$，$\beta = 1108$

L: longitudinal, T: transverse, LH: light-hole, HH: heavy-hole

索 引

■英数先頭
BJT　51
CMOS アナログ回路　101
CMOS インバータ　101
CMOS　101
DMOS　126
DRAM　103
FeRAM　105
FF　115
FN トンネル効果　108
GSI　97
GTO　123
HEMT　78
IC メモリ　102
IGBT　126
I-V 特性　39
LD　119
LDMOS　126
LSI　97
MESFET　70
MIS　79
MOSFET　79
MOS キャパシタンス　91
NAND　102
NAND 型フラッシュメモリ　108
NOR　102
NOR 型フラッシュメモリ　108
NOT 回路　101
n 型半導体　15
n チャネル　84
pn 積一定　22
pn 接合　36
pn 接合ダイオード　39
pn 接合分離　99
PROM　103
p 型半導体　17

p チャネル　84
RAM　103
ROM　103
SCR　122
Si ウェーハ　97
SRAM　105
ULSI　97
VLSI　97

■あ 行
アインシュタインの関係　32
アクセプタ　16
アクセプタ準位　16
アドレスワード線　103
アナログ IC　100
アバランシフォトダイオード　116
イオン化エネルギー　9
移動度　27
エネルギーギャップ　10
エネルギー準位　8
エネルギー帯図　10
エネルギーバンド図　10
エミッタ　52
エミッタ接地　57
エミッタホロワ　58
エレクトロンボルト　7
演算増幅器　100
エンハンスメント型　87
エンハンスメントモード　74
オーミック接触　67
オーミック特性　67
オン抵抗　125

■か 行
外因性半導体　17
開放電圧　114

界面電荷密度　　94
拡　散　　31
拡散距離　　42
拡散定数　　32
拡散電位　　38
拡散電流　　31
拡散容量　　50
化合物半導体　　5
過剰少数キャリヤ密度　　41
活性領域　　60
価電子　　4
価電子帯　　10
価電子帯の実効状態密度　　20
可変容量　　48
間接遷移型　　117
逆バイアス　　39
逆方向阻止電圧　　122
逆方向電流　　39
逆方向特性　　39
逆方向飽和電流　　39
キャリヤ　　14
キャリヤ寿命時間　　34
吸収係数　　112
吸収端波長　　112
共有結合　　4
強誘電体　　105
曲線因子　　115
禁制帯　　10
禁制帯幅エネルギー　　10
空間電荷領域　　37
空　乏　　80
空乏層　　38
空乏層幅　　47
空乏層容量　　47
結　晶　　4
結晶格子　　5
ゲート　　70, 84
ゲートターンオフサイリスタ　　123
ゲートピンチオフ電圧　　73
原子価　　4
原子層　　5
光　子　　110
格子散乱　　30
格子定数　　5

個別素子　　97
コレクタ　　52
コレクタ接地　　58
混　入　　14

■さ　行
再書き込み　　104
再結合　　34, 117
再結合割合　　34
サイリスタ　　122
しきい値電圧　　77, 83, 86
しきい値電流　　119
仕事関数　　63
自然放出　　117
自発分極　　106
集積回路　　97
集積度　　97
自由電子　　9
順バイアス　　38
順方向阻止電圧　　122
順方向電流　　38
順方向特性　　38
少数キャリヤ　　22
少数キャリヤデバイス　　77
少数キャリヤの蓄積　　60
ショックレーダイオード　　121
ショットキー障壁高さ　　64
ショットキーバリヤ型 FET　　79
ショットキーバリヤダイオード　　66
真空準位　　63
真性キャリヤ密度　　20
真性半導体　　14
真性フェルミ準位　　21
スタックドゲートトランジスタ　　107
制御ゲート　　107
正　孔　　13
整流特性　　39
絶縁ゲート　　84
絶縁ゲート型 FET　　79, 84
絶縁ゲートバイポーラトランジスタ　　126
絶縁物　　11
接合型 FET　　71
接触電位差　　64
相補型 MOS　　101

素子分離　58, 98
ソース　71, 84

■た　行
ダイオード　39
ダイヤモンド構造　4
太陽電池　114
多数キャリヤ　22
多数キャリヤデバイス　77
立ち上り電圧　39
ダブルヘテロ接合構造　118
単位胞　5
ターンオン　122
短絡電流　115
蓄　積　80
蓄積容量　91
チップ　100
チャネル　71, 84
チャネルドープ　87
中性 n 領域　37
中性 p 領域　37
直接遷移型　117
直流の電流増幅率　55
強い反転　82
抵抗率　29
ディジタル IC　100
定電圧ダイオード　40
データ線　103
デバイ長　93
デプレッション型　87
デプレッションモード　73
テール電流　127
電圧増幅利得　57
電位障壁　38
電界効果トランジスタ　70
電荷中性条件　22
点　弧　123
電　子　1
電子親和力　64
電子正孔対　14
電子なだれ　40, 107
電子の寿命時間　34
伝達コンダクタンス　76, 91
伝導帯　10

伝導帯の実効状態密度　19
伝導電子　10
伝導度変調効果　127
電流増幅率　54
電流増幅利得　57
電力増幅利得　57
動作点　115
導　体　11
導通状態　122
導電率　29
ドナー　15
ドナー準位　15
ドーパント　15
ドーピング　15
トライアック　124
ドリフト　125
ドリフト移動度　27
ドリフト速度　27
ドリフト電流　27
ドレーン　71, 84
トンネル効果　68

■な　行
内蔵電位　38
二重拡散 MOSFET　125
ノーマリオフ型　87
ノーマリオン型　87

■は　行
ハイブリッド集積回路　97
バイポーラトランジスタ　51
パウリの排他律　2
発光ダイオード　117
発生割合　34
反　転　81
反転層　81
半導体　11
光起電力効果　114
光導電効果　112
光導電セル　112
表面電位　81
ビルトインポテンシャル　38
ピンチオフ　73
ピンチオフ電圧　73

フィルファクタ　115
フェルミ準位　19
フェルミ－ディラック分布関数　19
フォトダイオード　115
フォトン　110
フォトンエネルギー　110
不純物　15
不純物散乱　30
浮遊ゲート　107
フラッシュメモリ　106
フラットバンド電圧　94
ブレークダウン電圧　40
プレーナ型トランジスタ　58
プログラマブル ROM　103
ベース　52
ベース接地　58
変換効率　115
方　位　5
飽和速度　27
飽和ドレーン電圧　73
飽和ドレーン電流　73
飽和領域　60, 76
ホットキャリヤ　107

■ま　行
マスク ROM　103
ミラー指数　6
メモリ IC　100
モノリシック集積回路　97

■や　行
誘電緩和時間　32
誘電体分離　99
誘導放出　119
ユニポーラトランジスタ　51
陽　子　1
横型二重拡散 MOS　126

■ら　行
ランダムアクセスメモリ　102
リードオンリーメモリ　103
リードフレーム　100
リフレッシュ　104
レーザ光　119
レーザダイオード　119
連続の式　35
論理 IC　100

著 者 略 歴

古川　静二郎（ふるかわ・せいじろう）
- 1934 年　北海道に生まれる
- 1961 年　東京工業大学理工学部博士課程修了　工学博士
- 1961 年　東京工業大学精密工学研究所助手
- 1963 年　東京工業大学精密工学研究所助教授
- 1973 年　東京工業大学精密工学研究所教授
- 1975 年　東京工業大学大学院総合理工学研究科教授
- 1993 年　東京工業大学名誉教授

荻田　陽一郎（おぎた・よういちろう）
- 1943 年　神奈川県に生まれる
- 1969 年　神奈川大学大学院工学研究科修士課程修了
- 1970 年　東京工業大学工学部助手
- 1977 年　工学博士（東京工業大学）
- 1977 年　神奈川工科大学電気工学科講師
- 1980 年　神奈川工科大学電気電子工学科助教授
- 1986 年　神奈川工科大学電気電子工学科（後に電気電子情報工学科）教授
- 2014 年　神奈川工科大学名誉教授

浅野　種正（あさの・たねまさ）
- 1953 年　茨城県に生まれる
- 1979 年　東京工業大学大学院総合理工学研究科修士課程修了
- 1979 年　東京工業大学大学院総合理工学研究科助手
- 1985 年　工学博士（東京工業大学）
- 1989 年　九州工業大学情報工学部助教授
- 1994 年　九州工業大学マイクロ化総合技術センター教授
- 2006 年　九州大学大学院システム情報科学研究院教授
- 2019 年　九州大学名誉教授

編集担当	上村紗帆・佐藤令菜（森北出版）
編集責任	富井　晃（森北出版）
組　版	プレイン
印　刷	丸井工文社
製　本	同

電子デバイス工学（第 2 版・新装版）　　　© 古川静二郎
　　　　　　　　　　　　　　　　　　荻田陽一郎・浅野種正　2020

- 1990 年 3 月 12 日　　第 1 版第 1 刷発行　　【本書の無断転載を禁ず】
- 2013 年 9 月 10 日　　第 1 版第 29 刷発行
- 2014 年 1 月 10 日　　第 2 版第 1 刷発行
- 2020 年 3 月 10 日　　第 2 版第 7 刷発行
- 2020 年 6 月 26 日　　第 2 版新装版第 1 刷発行
- 2023 年 9 月 20 日　　第 2 版新装版第 4 刷発行

著　　　者	古川静二郎・荻田陽一郎・浅野種正
発 行 者	森北博巳
発 行 所	森北出版株式会社

東京都千代田区富士見 1-4-11　（〒102-0071）
電話 03-3265-8341／FAX 03-3264-8709
https://www.morikita.co.jp/
日本書籍出版協会・自然科学書協会　会員
JCOPY　＜（一社）出版者著作権管理機構　委託出版物＞

落丁・乱丁本はお取替えいたします.

Printed in Japan／ISBN978-4-627-70563-0

元素

族	1	2	3	4	5	6	7	8	9
周期	I A	II A	III A	IV A	V A	VI A	VII A	VIII A	VIII A

1

1 **H**
水素
1.008

表示例

原子番号 — 6 **C** — 元素記号
炭素 — 元素名
原子量 — 12.01

非金属・ハロゲン・希ガス

半導体・半金属

金　属

2

3 **Li**
リチウム
6.938
〜6.997

4 **Be**
ベリリウム
9.012

注1：安定同位体が存在しない元素には元素記号の右肩に＊を付す.
注2：安定同位体がなく，天然で特定の同位体組成を示さない元素については，
　　　その元素の放射性同位体の質量数の一例を（　）内に示す.
備考：超アクチノイド（原子番号104番以降の元素）については，周期表の位置
　　　は暫定的である．また，電子配置が未確定であるので，白地としてある.

3

11 **Na**
ナトリウム
22.99

12 **Mg**
マグネシウム
24.31

4

19 **K**
カリウム
39.10

20 **Ca**
カルシウム
40.08

21 **Sc**
スカンジウム
44.96

22 **Ti**
チタン
47.87

23 **V**
バナジウム
50.94

24 **Cr**
クロム
52.00

25 **Mn**
マンガン
54.94

26 **Fe**
鉄
55.85

27 **C**
コバル
58.93

5

37 **Rb**
ルビジウム
85.47

38 **Sr**
ストロンチウム
87.62

39 **Y**
イットリウム
88.91

40 **Zr**
ジルコニウム
91.22

41 **Nb**
ニオブ
92.91

42 **Mo**
モリブデン
95.95

43 **Tc**＊
テクネチウム
(99)

44 **Ru**
ルテニウム
101.1

45 **R**
ロジウ

6

55 **Cs**
セシウム
132.9

56 **Ba**
バリウム
137.3

57〜71
ランタノイド

72 **Hf**
ハフニウム
178.5

73 **Ta**
タンタル
180.9

74 **W**
タングステン
183.8

75 **Re**
レニウム
186.2

76 **Os**
オスミウム
190.2

77 **Ir**
イリジウ
192.2

7

87 **Fr**＊
フランシウム
(223)

88 **Ra**＊
ラジウム
(226)

89〜103
アクチノイド

104 **Rf**＊
ラザホージウム
(267)

105 **Db**＊
ドブニウム
(268)

106 **Sg**＊
シーボーギウム
(271)

107 **Bh**＊
ボーリウム
(272)

108 **Hs**＊
ハッシウム
(277)

109 **M**
マイトネリ
(276)

57〜71
ランタノイド

57 **La**
ランタン
138.9

58 **Ce**
セリウム
140.1

59 **Pr**
プラセオジム
140.9

60 **Nd**
ネオジム
144.2

61 **Pm**＊
プロメチウム
(145)

62 **Sm**
サマリウ
150.4

89〜103
アクチノイド

89 **Ac**＊
アクチニウム
(227)

90 **Th**＊
トリウム
232.0

91 **Pa**＊
プロトアクチニウム
231.0

92 **U**＊
ウラン
238.0

93 **Np**＊
ネプツニウム
(237)

94 **P**
プルトニウ
(239)